岩石と文明

25の岩石に秘められた地球の歴史

THE STORY OF TH
EARTH IN 25 ROCK
TALES OF IMPORTANT GEOLOGICAL PUZZLES AND THE PI
WHO SOLVED THEM BY DONALD R. PROTHERO

下

ドナルド・R・プロセロ 著
佐野弘好 訳

Specimen No. 1 Scratched by a Glacier Thirty three Thousand Three hundred & Thirty Three Years before
Prodigious Glacial Scratches
Scratched by a cart Wheel on Waterlo Bridge the day before yesterday
Scratched by T. Sopwith
The Rectilinear Course of these Grooves corresponds with the motions of an IMMENSE BODY the momentum of which does not allow it to change its Course upon Slight Resistances
COSTUME of the GLACIER

築地書館

The Story of the Earth in 25 Rocks
Tales of Important Geological Puzzles and the People Who Solved Them
by
Donald R. Prothero

Japanese translation rights arranged with
Columbia University Press, New York
through Tuttle-Mori Agency, Inc., Tokyo
Japanese translation by Hiroyoshi Sano
Published in Japan by Tsukiji-shokan Publishing Co., Ltd., Tokyo

岩石と文明　下巻◉もくじ

第17章　エキゾチックアメリカ ……1

岩石に秘められたパラドックス——彷徨《さまよ》う化石と移動するテレーン

三葉虫のパラドックス ……2　失われた大陸、アバロニア ……11　北アメリカを構成するエキゾチックなテレーン ……16

第18章　大地のジグソーパズル ……22

アルフレッド・ウェゲナーと大陸移動説

彼は軽蔑され、受け入れられなかった…… ……22　謎その1・岩石のジグソーパズル ……30　謎その2・間違った場所に設けられた気候帯 ……32　深海からの謎解き ……38

第19章 望郷の白亜の崖
白亜紀の海と温室気候になった地球……41
ドーバーの白亜の崖……41　チョークとは何だろうか？……44　白亜紀の温室気候下の浅海……47

第20章 イリジウム濃集層
恐竜、滅びる……51
予期せぬ偶然……51　イタリア中央部、アペニン山地での偶然……54　小惑星衝突のインパクト……59　化石は何を語るのか？……62　終わりなき論争——メタ解析……66

第21章 天然磁石
プレートテクトニクスの基礎になった古地磁気学……71
謎その1・天然磁石と地球の磁性……71　謎その2・一致しない磁北——極移動曲線……76　謎その3・地球磁場がひっくり返った！……80　謎その4・海洋底の縞模様……86　海底のロゼッタストーン……91

第22章 青色片岩

沈み込み帯の謎……96
謎その1・海底への旅……97　謎その2・傾いた地震多発帯……102　謎その3・圧力は高いが温度は低い……105　謎その4・雑然とまぜこぜになった岩石……110
答えその1・沈み込みが造山運動につながる……112　謎その5・アラスカ地震──沈み込みは現在も起きている！……115　答えその2・沈み込み帯のくさび状の付加コンプレックス……122

第23章 トランスフォーム断層

地震だ！　サンアンドレアス断層……127
サンフランシスコ、一九〇六年……127　近代地震学の誕生……138　地震神話……142　巨大地震を引き起こすサンアンドレアス断層……145　驚異的なすべり……149
中央海嶺と海溝をつなぐトランスフォーム断層──プレートテクトニクス理論の総仕上げ……157

第24章 地中海、干上がる

地中海は砂漠だった……161
廃墟の灰燼から……161　成功のバラを育てよう……166　謎その1・進退窮まれり

……171
謎その2・ナイル川のグランドキャニオン……176
謎その3・海底に開いた穴……181
答え・巨大な死海……187

第25章 氷河の落とし物
詩人、教授、政治家、用務員と氷期の発見……191

謎その1・漂流する巨礫……191
謎その2・岩石の引っかき傷……196
答えその1・アガシーと氷河時代……198
グリーンランドでの恐怖と死……205
スコットランドの大学用務員とセルビアの数学者……209
答えその2・プランクトンと氷期の先導役……219

訳者あとがき……223
図版クレジット……231
もっと詳しく知るための文献ガイド……234
索引……245

上巻●もくじ

第1章　**火山灰**
火の神ウルカヌスの怒り——
古代都市ポンペイの悲劇

第2章　**自然銅**
アイスマンと銅の島——銅をめぐる古代の争奪戦

第3章　**錫鉱石**
ランズ・エンドの錫と青銅器時代

第4章　**傾斜不整合**
「始まりは痕跡を残さず」——
地質年代の途方もなく膨大な長さ

第5章　**火成岩の岩脈**
地球の巨大な熱機関——マグマの起源

第6章　**石炭**
燃える石と産業革命

第7章　**ジュラシックワールド**
世界を変えた地質図——
ウィリアム・スミスとイギリスの地層

第8章　**放射性ウラン**
岩石が時を刻む——
アーサー・ホームズと地球の年齢

第9章　**コンドライト隕石**
宇宙からのメッセージ——
太陽系の起源

第10章　**鉄隕石**
他の惑星の核

第11章　**月の石**
グリーンチーズか斜長岩か?——
月の起源

第12章　**ジルコン**
初期海洋と初期生命?
ひと粒の砂に秘められた証拠

第13章　**ストロマトライト**
シアノバクテリアと最古の生命

第14章　**縞状鉄鉱層**
鉄鉱石でできた山——地球の初期大気

第15章　**タービダイト**
ケーブル切断の謎が明らかにした海底
地すべり堆積物

第16章　**ダイアミクタイト**
熱帯の氷床とスノーボール・アース

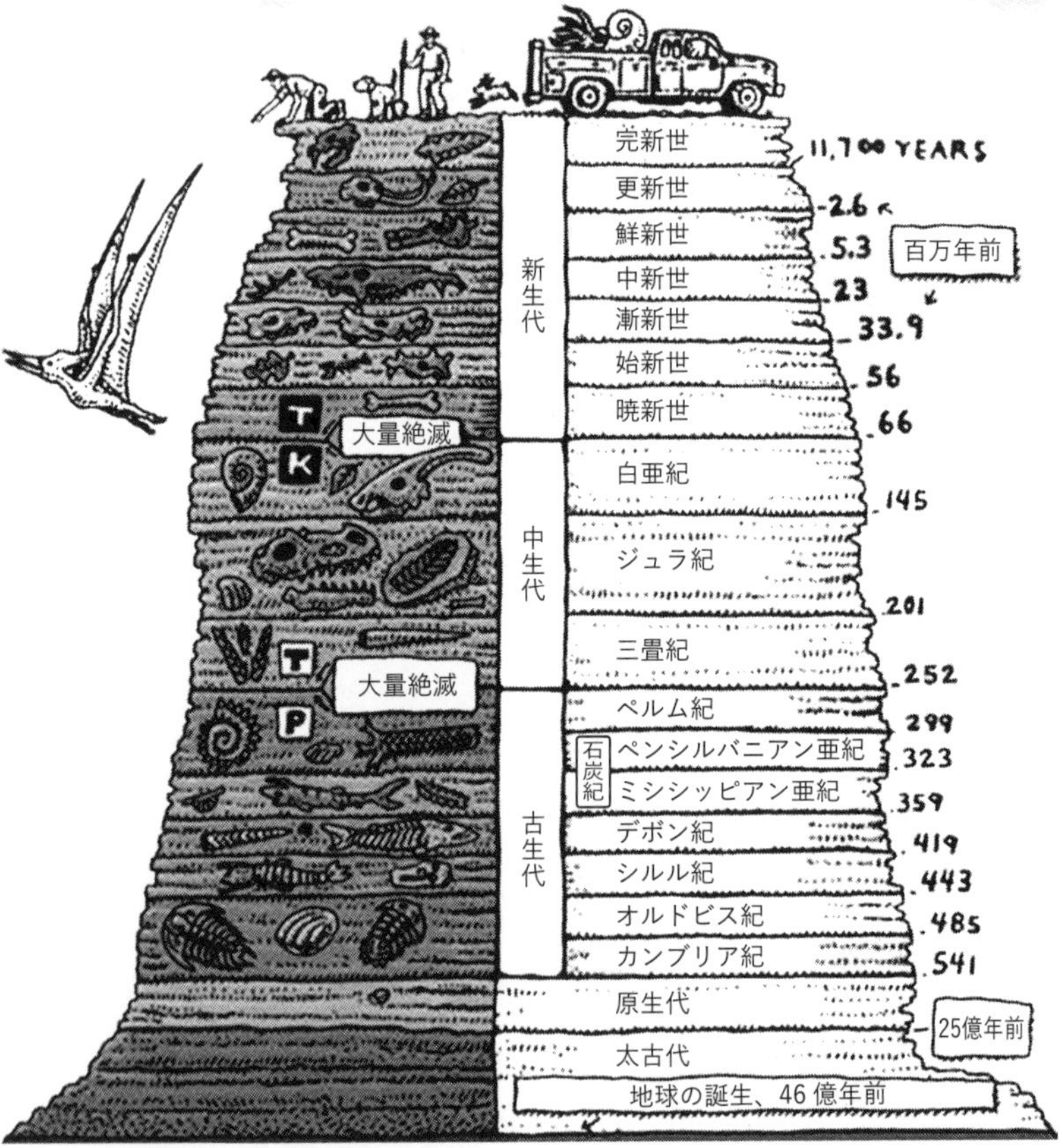

T/K：白亜紀（K）と第三紀（T）の境界。ただし現在ではTに代わって、Pg（古第三紀）が使われる。中生代・新生代の境界（6600万年前）にあたる。

T/P：三畳紀（T）とペルム紀（P）の境界。古生代・中生代の境界（約2億5190万年前）にあたる。

第17章 エキゾチックアメリカ

岩石に秘められたパラドックス——彷徨《さまよ》う化石と移動するテレーン

パラドックス、パラドックス、
最も独創的なパラドックス！
皮肉も屁理屈もたくさんあるが、
どれもこのパラドックスには勝てない！
最も独創的なパラドックス、
ハ、ハ、ハ、ハ、ハ、ハ、ハ、
このパラドックス。

——W・S・ギルバート「ペンザンスの海賊」

三葉虫のパラドックス

チャールズ・ドゥーリトル・ウォルコットは頭を悩ませていた。一八八〇年代と一八九〇年代、ウォルコットはカリフォルニア州、ネバダ州からカナディアン・ロッキー、ニューヨーク州とニューイングランド州の北部に至る地域で大量のカンブリア紀の化石（主に三葉虫）を採集していた。北アメリカ大陸の大部分では、産出するカンブリア紀前期の三葉虫は互いにかなりよく似ていた。オレネリッド科として知られている同じ時代の原始的な三葉虫（図17・1A）はモハーベ砂漠からニューファンドランド島西部にまで広く産出した。しかしまったく違う三葉虫がニューファンドランド島東部から見つかった。さらに奇妙なことには、スコットランドのカンブリア紀初期の三葉虫は、イギリスのその他の地域やヨーロッパのものよりむしろ北アメリカの三葉虫にずっとよく似ているのである。

ウォルコットは太平洋沿岸からニューファンドランド島西部に産出する三葉虫を「太平洋型動物群」、ニューファンドランド島東部とスコットランドから産出する三葉虫を「大西洋型動物群」と呼んだ。「太平洋型動物群」の二、三の三葉虫が現在の大西洋のへりにあたるニューファンドランド島西部で発見されているので（図17・2）、これら二つの生物地理区は現在の海洋の分布とは実際には一致していなかった。

カンブリア紀中期ではもっとわからなくなってきた。ユタ州のグレート・ベースンではエルラシア・キングアイやそれと似たモドシア属とアサフィカス属、さらに眼がない小型の三葉虫ペロノプシス属

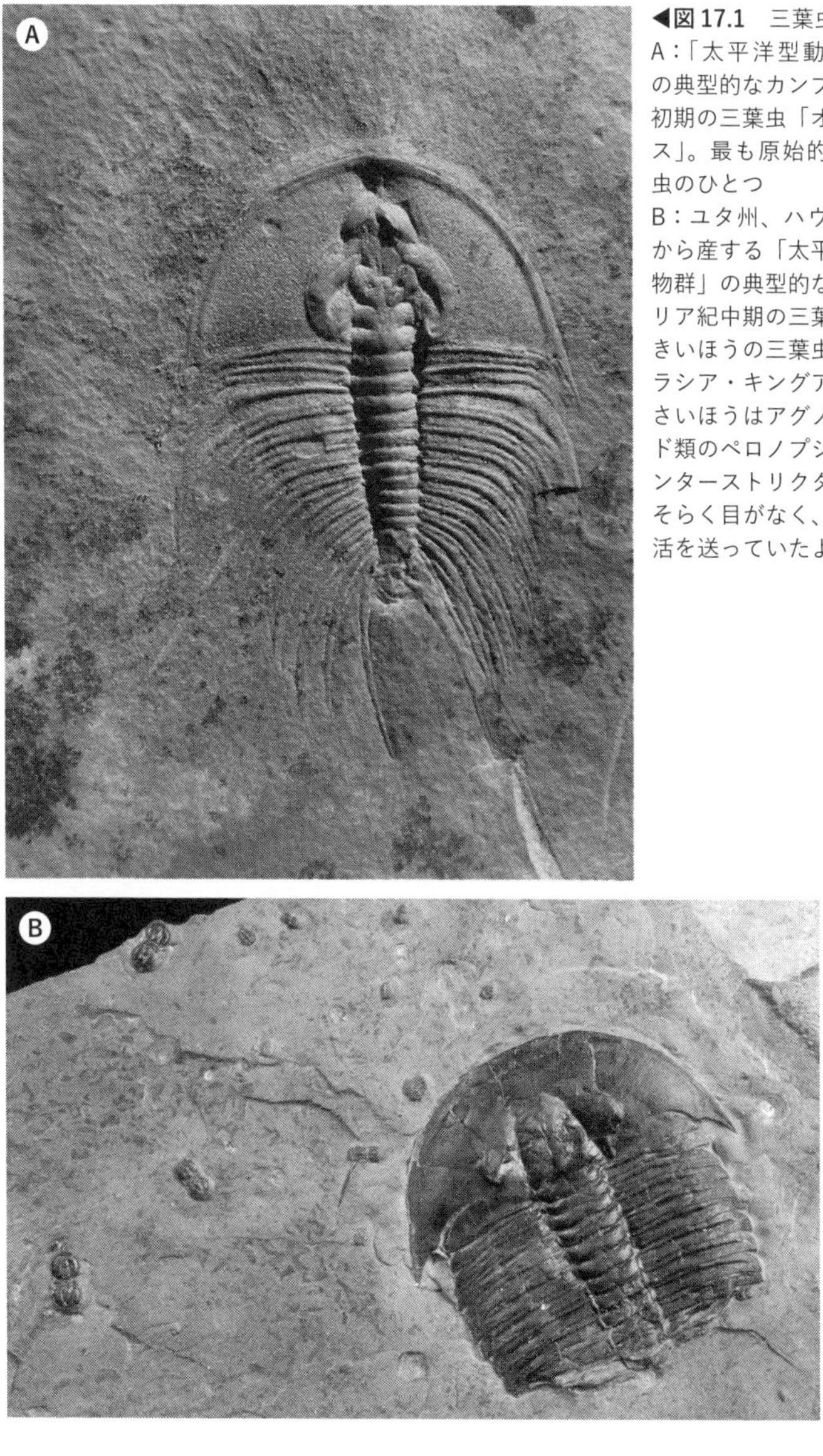

◀**図17.1**　三葉虫
A：「太平洋型動物群」の典型的なカンブリア紀初期の三葉虫「オレネルス」。最も原始的な三葉虫のひとつ
B：ユタ州、ハウス山地から産する「太平洋型動物群」の典型的なカンブリア紀中期の三葉虫。大きいほうの三葉虫はエルラシア・キングアイ、小さいほうはアグノスティド類のペロノプシス・インターストリクタで、おそらく目がなく、浮遊生活を送っていたようだ

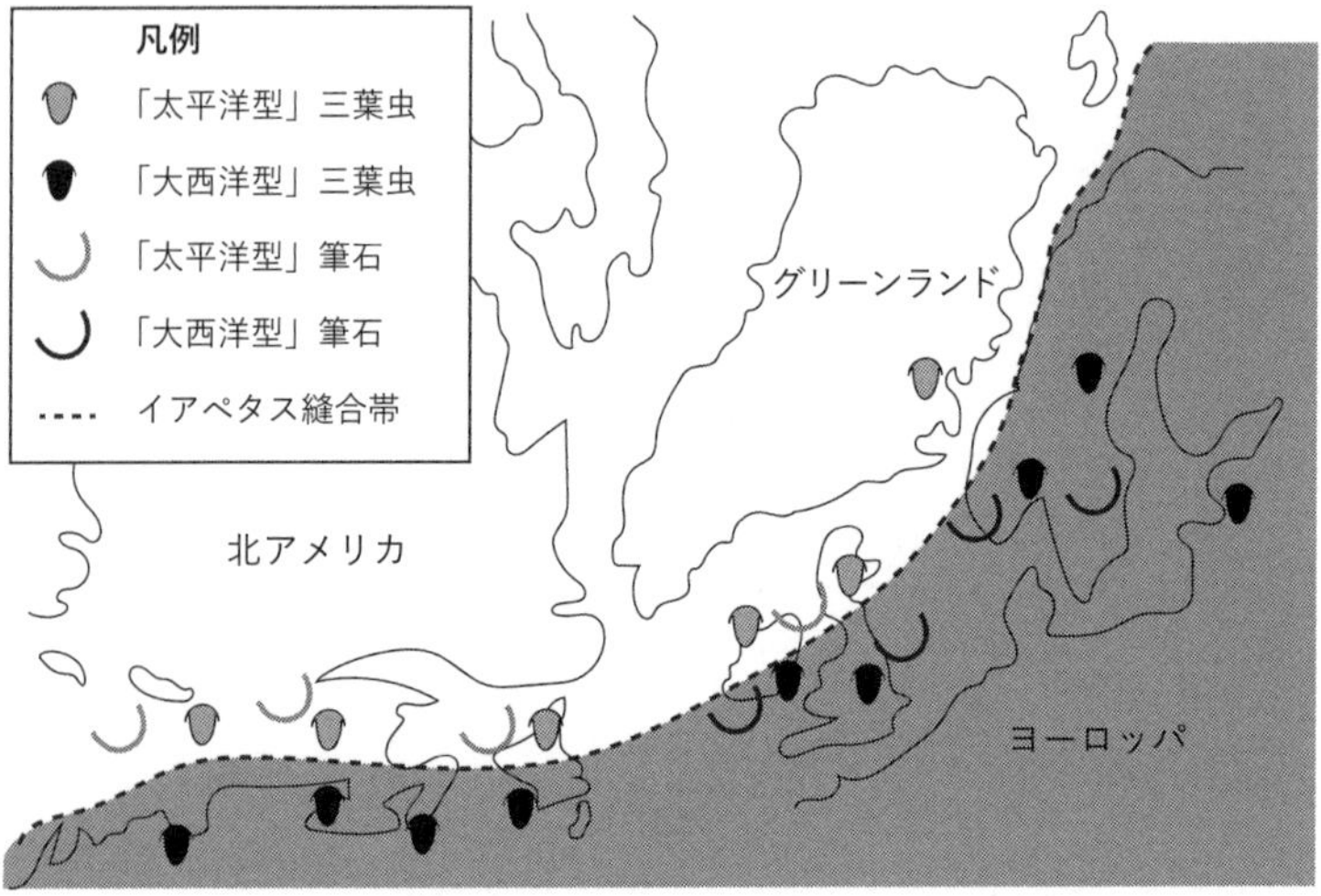

▲図 17.2 「大西洋型動物群」と「太平洋型動物群」（現在の大西洋の両岸の三葉虫と筆石〔訳註：主にカンブリア紀中期から石炭紀中期に生息した生物で、翼鰓《よくさい》類に分類されている〕）の分布図

スコットランドと北アイルランドの化石は、スコットランド以外のイギリス諸島よりも北アメリカ（「太平洋型動物群」）との共通性が大きい。一方、ニューファンドランド島東部、ニューブランズウィック州、ノバスコシア州、マサチューセッツ州東部の化石群は、それ以外の北アメリカ各地よりもむしろヨーロッパ（「大西洋型動物群」）から産するものによく似ている。2 つの動物群の境となっている線は縫合帯にあたり、古生代初期に存在し、現在の大西洋の前身であるイアペタス海あるいは「古大西洋」がかつては大陸群を隔てていた

(図17・1B) がよく見つかる。エルラシア・キングアイは、ユタ州ハウス山地のウィーラー頁岩《けつがん》に大量に含まれており、大型ショベル付き掘削用重機(バックホー)を使って採集しているので、趣味の岩石ショップや世界中の販売業者の間では最もふつうに売られている三葉虫だ。これらと同じカンブリア紀中期の三葉虫はユタ州からカナディアン・ロッキー、そしてニューファンドランド島西部の一部にまで広く産出する。

ウォルコットやその他の古生物学者が、マサチューセッツ州東部(初期のアメリカ大統領のジョン・アダムズとジョン・クインシー・アダムズの出身地であるブレインツリーの近く)やカナダのニューブランズウィック州、ニューファンドランド島東部のカンブリア紀中期の地層から三葉虫を採集したところ、ニューヨーク州西部とペンシルベニア州周辺でみられるものとはまるで違う三葉虫が含まれていた。化石群集としては、標準的なカンブリア紀の三葉虫に比べると巨大で、長さが三七センチメートルにも達するパラドキシデス属が優勢だった(図17・3)。ペロノプシス属のような三葉虫は共通してみられたが、二つの生物地理区の違いはじつに顕著だった。

しかし本当に頭を悩ませたのは、ニューブランズウィック州、ニューファンドランド島東部、マサチューセッツ州東部の三葉虫が、近隣のニューヨーク州やペンシルベニア州よりも遠く離れたヨーロッパの三葉虫に似ていることだった。事実、一七六〇年代に遡ると、分類学の創始者であったカール・リンネ(一七〇七—一七七八)は現在パラドキシデス・パラドキシシムスとよばれるスウェーデンから産出した化石を記載している。リンネは矛盾した生物地理(そのことはかなり後になるまで気づかれなかった)によってそう命名したのではなく、別の理由にちなんで命名したのだ。

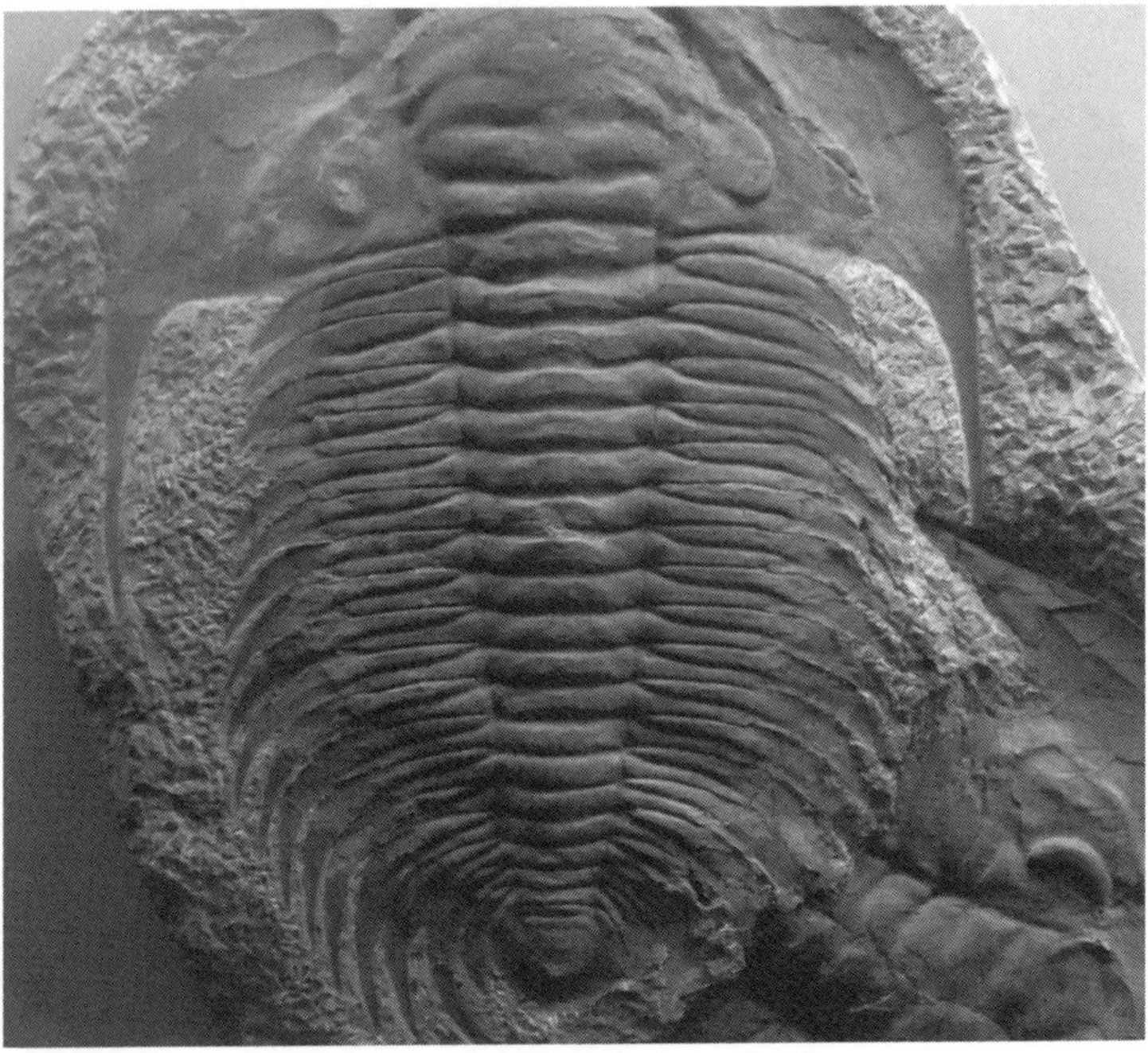

▲**図 17.3**　カンブリア紀中期の「大西洋型動物群」の大型三葉虫パラドキシデス・ダビディス

一七六〇年代、三葉虫は現在生存している生物のどれにも当てはまらない奇妙な化石だった（別の三葉虫の場合、それがどのような動物の化石なのか、記載者もわからなかったので、アグノスタス属〈「知り得ない化石」〉と命名された）。

ニューファンドランド島のアバロン半島のマニュエルズ渓谷から産する目を見張るような巨大種パラドキシデス・ダビディスは、ウェールズ地方のペンブルックシャーのセント・デイビッズにあるポースロー海岸から発見された三葉虫と同一種だった（そのため、ダビディスと命名された）。

一八〇〇年代初期にこの属の他の種がフランス、ドイツ、チェコ共和国、ポーランドから発見され、記載されていた。パラドキシデスという属名はむしろヨーロッパ的で、一八二二年にフランスの古生物学者、アレクサンドル・ブロンニャール（フランスの化石層序をジョルジュ・キュヴィエ男爵と共同で発見したことでも有名）（上巻第7章参照）によって提唱されたものだ。

年月が過ぎ、収集された標本コレクションが増えるにつれて、別の古生物学者は「大西洋型」「太平洋型」動物群の違いはオルドビス紀では依然として明確だが、シルル紀になると、これら二つの海生化石動物群の間にはいくつか類似性がみられるようになると述べている。そしてデボン紀には両者の違いは完全に消え、ヨーロッパと北アメリカで化石動物群集は互いにたいへん似たものになった。

このパラドックスの理由は何だったのだろうか？　地質学者と古生物学者はたくさんの仮説を提示したが、その大多数は、深くて狭い海域、三葉虫がニューヨーク州からマサチューセッツ州にたどり着けないような堆積盆地、またはニューファンドランド島の西部から東部にたどり着けないような堆積盆地が存在したと考えるものだった。カンブリア紀にこの深い溝状の海域ができたあとしばらくして、その海域がどんどん狭まって、ついには崩壊し、そのあとデボン紀には消失し、この地域は浅海だけになってしまったと考えられた。

しかしこの仮説はたいした意味をなさなかった。三葉虫には、おそらく長い距離を泳ぎ、表層の海流で浮かんで生活できる浮遊性の幼生期があり、ユタ州からケベック州、またはマサチューセッツ州からスコットランドへと浅海を浮遊して移動できたことは明らかなのに、なぜ、深いけれど幅の狭い溝状のこの海域を横断しなかったのだろうか？　もっと重要な点は、三葉虫がスコットランドとニューファンドランド島西部の間、またはマサチューセッツ州とウェールズの間、すなわち大西洋の全域を横断できたという一方で、ニューファンドランド島の東部と西部の間、ニューヨーク州とマサチューセッツ州の間にあると想定された深海というバリアーを越えることができなかったのはなぜかという疑問だ。

この問題は、ほぼ一世紀以上にわたって謎のままだった。その後、一九五〇年代後半になって、プレートテクトニクスの初期の先駆者たちが別の解決案に気づいたのだった。アーサー・ホームズ（上巻第8章）のような先見性に富んだ地質学者は、この理由はプレートの動きによるものであって、ある海域での特殊なバリアーによるものではないと最初に提案した。この考えは、サンアンドレアス断層（第23章）のようなトランスフォーム断層〔訳註：プレート境界のひとつで、発散境界や終息境界とは異なり、隣接するプレートどうしが水平方向にすれちがう境界〕、またハワイ諸島は太平洋プレートがすべるように移動してホットスポット〔訳註：マントルの上昇流で生成され、ほぼ不動点と考えられているマグマだまり〕の上を通過したときに新たな火山が噴火してできたものだという考えの最初の提案者だったカナダの地質学者、J・ツゾー・ウィルソンによって取り上げられた。

一九六六年、ウィルソンは第一級の科学雑誌「ネイチャー」に「大西洋は閉じたのか、そして再び開いたのか？ *Did the Atlantic Close and then Re-Open?*」という歴史に残る論文を発表した。ウィルソンは新しく公表された海洋底拡大に関するデータから、現在の大西洋が、恐竜時代の初期にあたる三畳紀後期（二億二〇〇〇万年前）に分裂を始め、拡大し始めたばかりの新しい海洋であることを知っていた。これ以前、いくつかの大陸がすべて合体して超大陸パンゲアが形成されていたペルム紀と三畳紀前期には、大西洋は存在していなかったのだ。しかし異なる種類の三葉虫の産出は、パンゲアを構成する大陸がすべて集合していたときには存在していなかった大西洋の前身がカンブリア紀からデボン紀には存在していたことを意味した。

ウィルソンは、ウォルコットのいう大西洋型動物群と太平洋型動物群の分布の境界線はじつは、消失した大西洋の前身によって隔てられていた二つの大陸間の縫合帯〔訳註：大陸地塊どうしが衝突・合体した場合、それらの間にかつて存在したが、沈み込んで消失してしまった海洋地殻に由来する超高圧変成岩やオフィオライトなどからなる線状の地帯〕にあたると主張した。大昔に消えた海洋は「古大西洋」といわれることもあったが、今ではイアペタス海とよばれている。デボン紀からペルム紀にかけてイアペタス海が閉じ、その後再び開いたとき、かつてイアペタス海のヨーロッパ側にあった部分（ニューファンドランド島東部、ニューイングランド州東部とその他の若干の地域）を新しくできた大西洋の西側に残し、かつて北アメリカ側にあった地域（スコットランドとアイルランド北部）をヨーロッパ側に残したのだった（図17・4）。

大西洋の拡大によって、地殻はほぼかつてのイアペタス縫合帯に沿って引き裂かれたが、正確にその縫合帯に沿って分裂したのではなかった。スコットランドを一方のプレート境界上に残し、マサチューセッツ州をもう一方のプレート上に残し、そしてかつてヨーロッパの一部だったニューファンドランド島東部をずっと北アメリカの一部だったニューファンドランド島西部に合体させた。これによってウォルコットのパラドックスは見事に説明された。

ほぼ同じ位置で海洋が閉塞し、その後再び拡大するというこの考えは、ウィルソンに敬意を表して、現在ではウィルソン・サイクルとよばれている。この地域では、大西洋の前身にあたる海洋がどうやら五つも存在していたらしいので、ウィルソン・サイクルは少なくとも五回起きていたことになる。

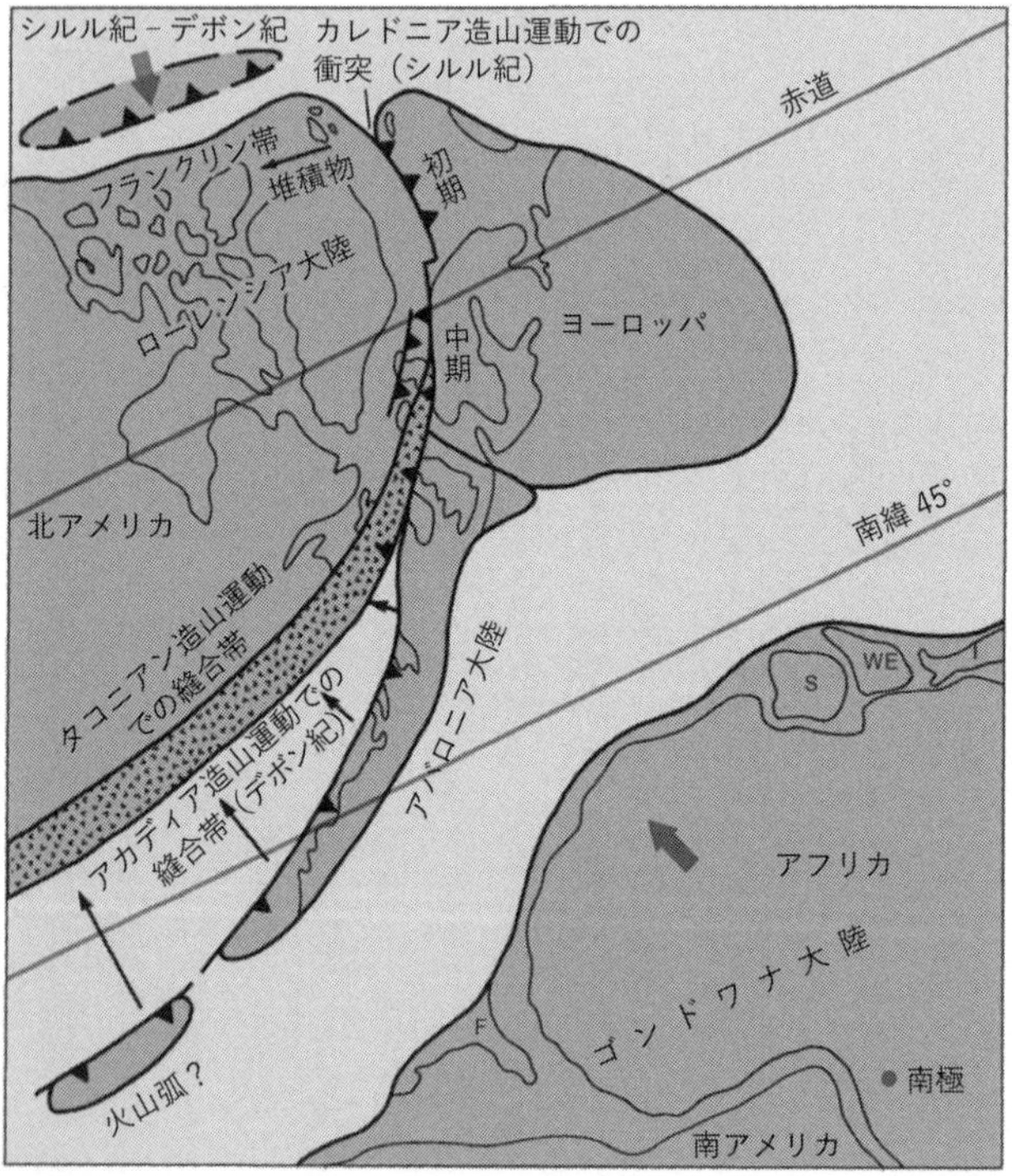

▲図 17.4　シルル紀に起きたカレドニア造山運動でのヨーロッパの衝突（バルト楯状地〔訳註：大陸地殻のひとつで、先カンブリア時代の変成岩・火成岩からなるクラトンが堆積物でおおわれている平坦な地帯。卓状地ともいう。クラトンとは、カンブリア紀以前に安定化した大陸地殻のことで、安定陸塊ともよばれる〕）と、アカディア造山運動を引き起こしたアパラチア山地沿いでのアバロニア地塊の衝突を描いたシルル紀－デボン紀の古地理図

失われた大陸、アバロニア

アーサー王の物語には、この章で重要な役割を果たすアバロンという伝説上の島が登場する。石から引き抜いたといわれるアーサー王の魔法の剣エクスカリバーは、アバロン島で鍛造された。アーサー王はカムランの戦いでモルドレッドと戦ったときの傷を癒やすためにこの島に赴いたといわれている。伝承では、アーサー王はアバロンで亡くなり、そこに埋葬されたという話もある。魔女モルガン（モーガン・ル・フェイともよばれる）もおそらくそこで暮らしていたのであろう。

アバロン島という名前はウェールズ語の「アンス・アファロン」（「リンゴの島」）に由来し、多くの人びとはこの神話上の島を、アーサー王伝説の時代にはイングランドから遠く隔たっていたウェールズのどこかに関連づけてきた。一一三六年頃のジェフリー・オブ・モンマスのエセ歴史書、『ブリタニア王列伝 *History of the Kings of England*』では、神話の島アバロンは次のように記されている。

> 人びとが「幸せの島」と呼んだリンゴの島は、それ自体があらゆるものを生み出すという事実から名づけられた。島の畑では耕作用の鋤は不要で、自然の恵みをのぞけば、畑を耕す必要もないのだ。島では自然に穀物とブドウが採れ、リンゴの木が短く刈られた草原にできた森の中で育っている。大地は名もない草をのぞくと自然にあらゆるものをつくり出し、人びとはそこに一〇〇年以上も住んでいる。

われわれの国から来た九人姉妹がいて、人びとを慈悲深い法で治めている。

一一九〇年頃、アーサー王のアバロン島はイングランド西部のサマセットシャーにあるグラストンベリー周辺に存在したと主張する、ウェールズ出身のジェラルドの作品による違った解釈が人気を博するようになった。グラストンベリー修道院の修道士たちはアーサー王とその妃の遺体を発見したと言っている。ジェラルドの記述によると、

グラストンベリーとして現在知られている場所は古代、アバロン島と呼ばれていた。そこは沼地に完全に取り囲まれているので、実質的には島だともいえた。それはウェールズ語でリンゴの島を意味する「アニス・アファラッチ」とよばれ、果実が豊かに実っていた。カムランの戦いの後、この地方の後の支配者であり、官職任命権者でもあり、そしてアーサー王と深い血縁関係にあったモルガンという高貴な女性がアーサー王のケガを治療するために、現在はグラストンベリーといわれる島に彼を連れて行った。その後、この地方はウェールズ語で草の島という意味の「アニス・グトリン」ともよばれていた。そしてこれらの言葉から、侵攻してきたサクソン人が後に「グラストンベリー」という地名を新しくつくったのだ。

何世代にもわたって、ブリトン人〔訳註：ローマ時代にイギリス島に定住していたケルト系の民族〕はこれらの物語を真剣に受け止めていた。そして一二七八年、メル・ギブソン演じるスコットランドの騎士、ウ

ィリアム・ウォレスを描いた映画「ブレイブハート」に悪役として登場するウェールズとスコットランドの征服者、エドワード一世は、壮大な儀式を行って遺骨をグラストンベリー修道院に再埋葬した。アーサー王伝説のこの話は中世の頃までは説得力があったが、今日ではやはりエセ歴史とみなされている。現代の歴史家の多くは、この話をグラストンベリー修道院の修道士たちによる修道院補修の資金集めの宣伝行為だったとみなしている。そうは言ってもこの伝説はヘンリー八世がカソリック教会から離脱した宗教改革までは巡礼者の修道院訪問の動機となった。

後世の多くの著述家はグラストンベリーでのアーサー王の物語と、聖杯をイギリスにもちこんだアリマタヤのヨセフの伝説上の訪問を関連づけた。他にはアバロン島とグラストンベリーを謎めいたレイライン〔訳註：古代イギリスの巨石遺跡群〕や、さらには大陸アトランティスの神話などの地球の謎に結びつける者もいた。今日では、神話上の物語やさらには『アヴァロンの霧』『グラストンベリー・ロマンス *A Glastonbury Romance*』『アバロンの骨 *The Bones of Avalon*』など、アバロン島にまつわる現代のロマンス小説がたくさんある。

アーサー王時代の「アバロン島」は単なる伝説にすぎないかもしれないが、地質時代の失われたアバロニアという大陸はそうではない。現代の大西洋の両側の大陸塊の動きについてのプレートテクトニクスによるモデルは、近年さらに精密になってきている。異なる化石生物地理区についてのさらに進んだ研究と地質図上での地質構造の詳細な記述によって、アパラチア山脈南部からマサチューセッツ州東部を経て、ニューブランズウィック州、ノバスコシア州、ニューファンドランド島東部、加えてイングランド南部とウェールズ、フランス、ドイツ、ポーランド、チェコ共和国まで延びる、パラドキシデス動

▲**図 17.5**　カレドニア造山帯とアカディア造山帯が北アメリカ大陸（「ローレンシア大陸」）とバルティカ大陸に縫合帯をつくって合体した後の一部の地図。アルモリカ地塊（現在では北ヨーロッパの地下に存在）がその後、石炭紀に衝突して、デボン地方とコーンウォール地方のオフィオライトとこれらの地方の石炭紀カコウ岩を形成した

物群を含む地帯が、古生代に存在したアバロニアという小大陸の一部だったことが明らかになっている（図17・2、図17・4、図17・5）。

アバロニアは、神話に登場するアバロン島にちなんで名前がつけられたのではなく、ニューファンドランド島アバロン半島に由来している。この場所は、「他がアメリカ側にあったので、イギリスでのキリスト教布教活動の最初の成果であるグラストンベリー修道院が建てられているサマセットシャーの旧アバロンに倣って」、アバロン地方に対する勅許領有権を与えられたジョージ・カルバート卿によって一六二三年に命名された。一六二三年頃には広く支持されていたグラストンベリーのアーサー王神話をカルバートが信じていたことは明白だった。

アバロン半島が命名された当時は誰も知らなかったが、マニュエルズ渓谷から産出した三葉虫は、ウェールズとそれ以外のイングランド（伝説上のアバロン）、そして現在では東ヨーロッパからカナダ、ジョージア州に点在しているかつてのアバロニア大陸の多くの他の場所の三葉虫につながりがあったのだ。さらに、ウェールズとイングランド西部から産する三葉虫のひとつはアーサー王伝説の魔術師にちなんでマーリニア属と命名されている。

それでは、アバロニアに何が起きたのだろうか。カンブリア紀からオルドビス紀前期にかけて、アバロニアは超大陸ゴンドワナから引き離されつつあった。そしてアバロニアの三葉虫は、当時南に位置していた超大陸の三葉虫と多くの共通性をもっていた。しかしアバロニアは超大陸から分裂するとすぐに別の大陸に接近していった。その大陸とは北アメリカ大陸の前身だ（ローレンシアとよばれる）。

シルル紀後期、ヨーロッパの中核部（スカンジナビア半島とロシアを含むバルト楯状地）がローレンシア大陸にぶつかり始め、二つの大陸プレートの間にヒマラヤ山脈型の衝突が発生して、現在のヒマラヤ山脈級の高さの山岳地帯を形成した。この衝突はカレドニア造山運動（カレドニアはローマ語でスコットランドのこと）として知られて、その結果形成された激しく変形した変成岩は、スコットランド、グリーンランドの北部海岸、ノルウェーの海岸地方で見ることができる（図17・5）。カレドニア造山運動でできた山地から削剥された河川の砕屑物が、この衝突によって変形、傾斜し、そして侵食されたシルル紀の岩石をおおってデボン紀の旧赤色砂岩として堆積し、その結果、シッカー・ポイントとジェドバラの有名な傾斜不整合が形成されたのだ（上巻第4章）。

カレドニア造山運動での衝突から間もなく、デボン紀にはアバロニアはローレンシアの東海岸に衝突し始めた。アバロニア大陸の衝突は北から南に向かって進行し（図17・5）、アカディア造山運動として知られるもうひとつのヒマラヤ級の山地を形成した。この巨大な山塊は、ニューヨーク州北部とペンシルベニア州中西部を西に横切るデボン紀の砂岩と頁岩の供給源になり、この地域の有名なキャッツキル層を形成した。

伝説との最後の関係として、アカディア造山運動はかつてカナダの海岸地域のほぼすべてと、加えてケベック州とメイン州の一部、それにアバロン半島を含むアカディア地方という昔のフランスの領土にちなんで名前がつけられている。アメリカ文学を読んだことがある人ならヘンリー・ワーズワース・ロングフェローの詩に出てくるエヴァンジェリンの伝説から「アカディア」という名前に気づくかもしれない。その話ではイギリス人がアカディア地方の大半からフランス系カナダ人を追放しているのだ。その中にはルイジアナ州南部に定住した者もいて、そのフランス系「カナダ人」（カナディアン）が「ケイジャン」になり、彼らの文化的な影響は今もなお残っている。

北アメリカを構成するエキゾチックなテレーン

アバロニアのローレンシアへの衝突はよく知られている外来テレーンの事例だ。テレーンとは、明らかにどこか他の場所から移動して来た地殻のブロックのことをいう。アパラチア山地全体は異なった時代にローレンシアに移動して来た複数のテレーンでできている。最初の大きな衝突は、カナダ東部の数地域、ニューヨーク州のハドソン渓谷、そしてバージニア州、ジョージア州、南・北カロライナ州のアパラチア山地の山麓部に分布し、ピーモント・テレーンとして知られている大陸地塊だった。その大陸地塊はオルドビス紀後期に現在のニューヨーク州のタコニック山地の岩石を上昇、変形させたタコニック造山運動といわれるイベントの中でローレンシア大陸に到着した。

その次には、バルティカ大陸がシルル紀後期に衝突してカレドニア造山帯を形成し（ローレンシア大陸の北部海岸に影響を及ぼした）、その後デボン紀のアカディア造山運動が続いて、カナダ沿岸地域からマサチューセッツ州東部を経て、南はノースカロライナ州の粘板岩帯に及ぶアバロン・テレーンが付加された。最後の造山運動イベントはゴンドワナ大陸のアフリカに相当する部分と北アメリカ東海岸の衝突で、その結果、石炭紀後期（ペンシルバニアン亜紀）にアパラチア山地が激しく変形した。この造山運動によって大西洋の前身にあたる海洋は永久に閉塞し、ローレンシアまたは北アメリカ大陸が超大陸パンゲアに合体したのだ。アパラチア山地は三億年以上にわたるヒマラヤ型の巨大な衝突で形成され、それ以降は緩やかに侵食されている。

マサチューセッツ州東部や南・北カロライナ州東部が別の大陸の断片だったと想像するのはさほど意外なことではないが、さらに驚くべきことは北アメリカの太平洋岸地域を形作っている外来のテレーンの集合だ。アラスカ州全体とブリティッシュ・コロンビア州、ワシントン州、オレゴン州、アイダホ州、ネバダ州、カリフォルニア州の大部分は外来テレーンなのである（図17・6）。再び、最初の根拠は化石に端を発する。数十年間、地質学者と古生物学者は太平洋沿岸地域で発見された化石のいくつかについて不思議に思っていた。その化石とは、カリフォルニア州北部とブリティッシュ・コロンビア州でみつ

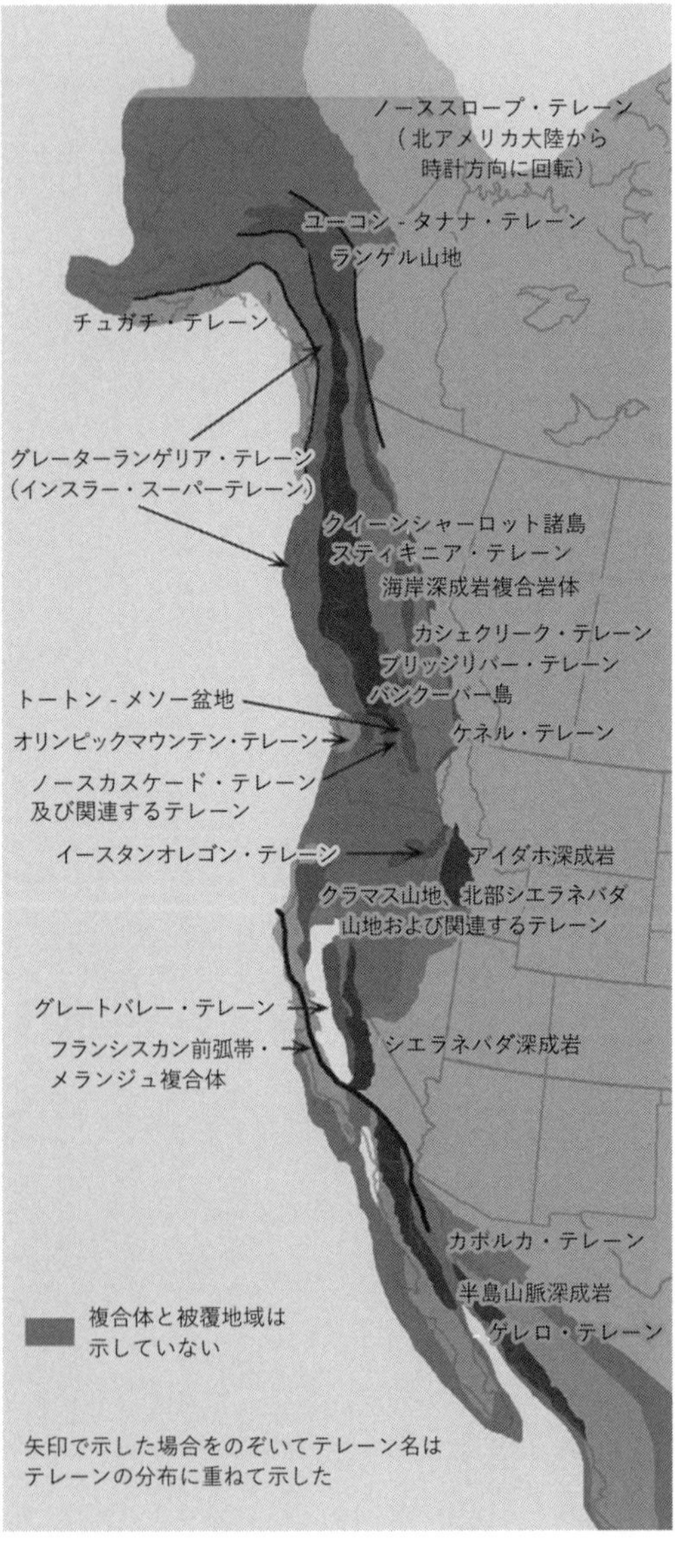
ノーススロープ・テレーン
（北アメリカ大陸から
時計方向に回転）
ユーコン - タナナ・テレーン
ランゲル山地
チュガチ・テレーン
グレーターランゲリア・テレーン
（インスラー・スーパーテレーン）
クイーンシャーロット諸島
スティキニア・テレーン
海岸深成岩複合岩体
カシェクリーク・テレーン
ブリッジリバー・テレーン
バンクーバー島
トートン - メソー盆地
オリンピックマウンテン・テレーン
ケネル・テレーン
ノースカスケード・テレーン
及び関連するテレーン
イースタンオレゴン・テレーン
アイダホ深成岩
クラマス山地、北部シエラネバダ
山地および関連するテレーン
グレートバレー・テレーン
フランシスカン前弧帯・
メランジュ複合体
シエラネバダ深成岩
カボルカ・テレーン
半島山脈深成岩
ゲレロ・テレーン
複合体と被覆地域は
示していない
矢印で示した場合をのぞいてテレーン名は
テレーンの分布に重ねて示した

◀図 17.6
北アメリカ太平洋岸での
外来テレーンの分布図

かるサンゴ化石や、アラスカ州からカリフォルニア州北部の多くの場所で発見されるフズリナ類有孔虫といわれる単細胞のアメーバ状の米粒型の殻をもった化石である。これらの化石を詳しく調べると、それらが南半球の熱帯域、そしてインドネシアからジブラルタル海峡に延びていたテチス海とよばれる、太平洋の向こう側の内陸海路に由来することは明らかだった！

最初、地質学者と古生物学者は、地殻が巨大なブロックとなって過去二億五〇〇〇万年の間に太平洋を横切って、インドネシアからブリティッシュ・コロンビア州に及ぶ各地域に移動したのだという考えを拒絶していたが、事実は疑いようもなかった。その考えは化石だけでなく、アラスカ州、ブリティッシュ・コロンビア州、その他の太平洋に面する州すべてが、明瞭な断層で境された構造的なブロック〔訳註：すなわちテレーン〕としてどのように集合したのかというテクトニクス〔訳註：固体地球表層の構成物質の大規模な運動像とその原動力を解明する分野〕によっても支持されている。最終的には、古地磁気学的データによって、これらのテレーンが間違いなく赤道の南から来たものであり、おそらく現在のインドネシアぐらい遠く隔たった場所から移動したらしいことを示していることが確かめられている。

今日ではこれらのジグソーパズルのピースすべてがどこからやって来たのかを復元できるし、それらのもとの位置と現在の分布位置を比較することができる（図17・7）。デボン紀－ミシシッピアン亜紀〔訳註：石炭紀を前・後半に二分した場合の前半の時期〕のアントラー造山運動で最初に到着したもののひとつは、ネバダ州中央部のシエラネバダ山地の西側山麓とシャスタ山近くのクラマス山地東部の岩石でできているアントラー・テレーンである。次に到着した大きな外来のテレーンはペルム紀－三畳紀のソノマ造山運動でのソノマ・テレーンだ。ソノマ・テレーンは、ネバダ州の北西部全体に加えて、アントラー

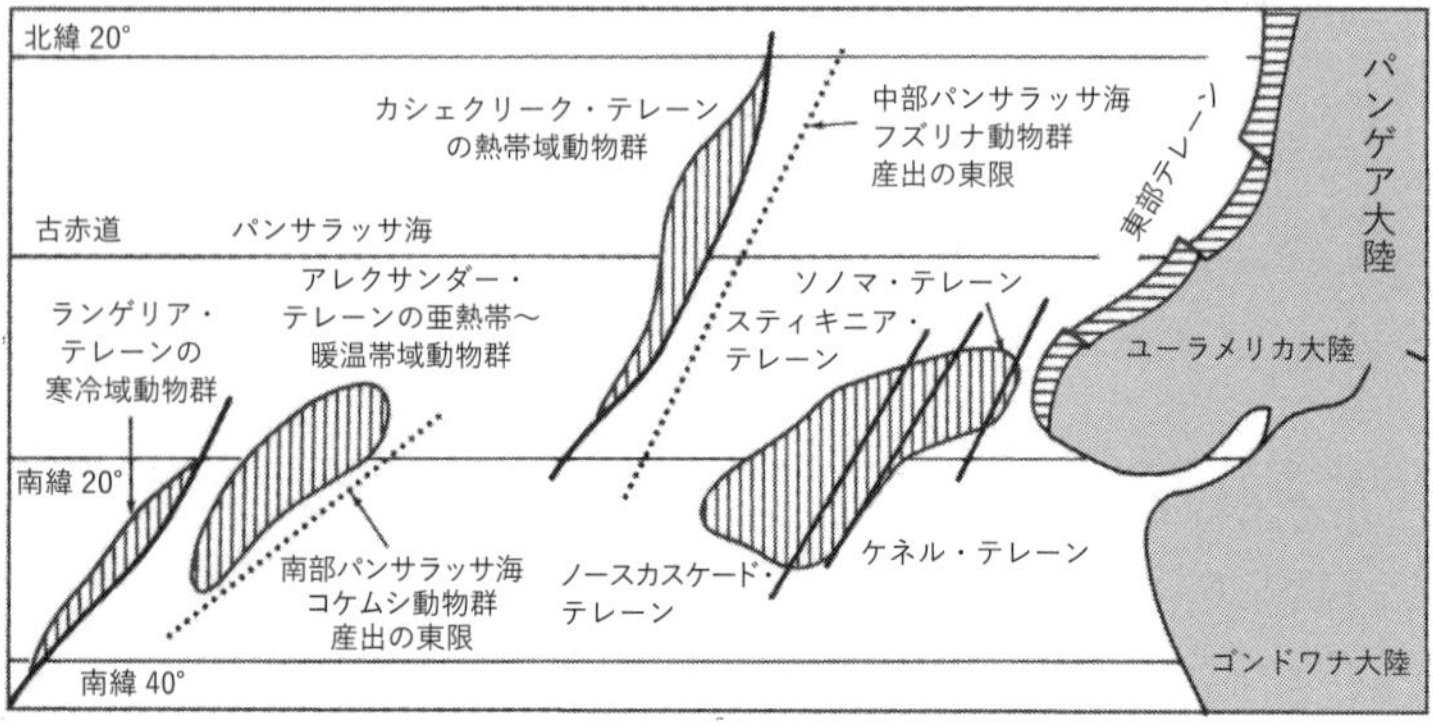

▲図 17.7 現在はすべてアラスカ州、ブリティッシュ・コロンビア州、ワシントン州海岸地域、オレゴン州、カリフォルニア州に衝突しているパンサラッサ海の外来地塊（テレーン）のもともとの位置と分布を示している。ペルム紀には、ランゲリア・テレーンとアレクサンダー・テレーンのようにそれらの多くは、パンサラッサ海に生息していた特徴的な化石とともに当時の超海洋、パンサラッサ海に位置していた

造山運動の時に到着したブロックの下に叩きこまれたシエラネバダ山地の山麓とクラマス山地の外来ブロックを構成している。

その背後の遠くない場所にはさらにたくさんの外来のテレーンがあって、その中にはブリティッシュ・コロンビア州の中核部を占め、アラスカ州にまで広がるスティキニア・テレーンとケネル・テレーン、そしてアラスカ州のランゲル山地（北アメリカ最高峰のデナリ山あるいはマッキンリー山を含む）、ブリティッシュ・コロンビア州北西部、アラスカ州南東部を構成するランゲリア・テレーンが分布している。これらのテレーンの多くはパンサラッサ海〔訳註：古生代後期から中生代後期に、超大陸パンゲアをとり囲んでいた超海洋。テチス海はその西部を占める〕の熱帯域の化石とともに、恐竜時代、場合によっては白亜紀に北アメリカに到着したのだ。

要するに、あなたがこの次にアラスカ州、ブリティッシュ・コロンビア州、ワシントン州、オレゴン州、ネバダ州、カリフォルニア州を訪れたときにちょっと思い出してほしいのだ。あなたは北アメリカにいるのではない。じつはあなたはフィジー諸島かインドネシアにいるのだ。

第18章 大地のジグソーパズル
アルフレッド・ウェゲナーと大陸移動説

新しい理論はそれが正しいと証明されるまでは間違いとされ、そして既存の理論は間違いであると証明されない限りは正しい……大陸移動説も正しいと証明されるまでは間違いであるとされていた。

——デイヴィッド・ラウプ

彼は軽蔑され、受け入れられなかった……

一九一〇年のクリスマス。アルフレッド・ウェゲナーという三〇歳のドイツの気象学者（図18・1）は、友人からクリスマスプレゼントにもらった世界地図に何気なく目を走らせていた。ページをめくりながら、彼は南アメリカとアフリカの海岸線が驚くほど一致することに気がついた。まるで彼の頭の中で電球が輝いたようだった。広い南大西洋で隔てられたこれら二つの大陸は、なぜこんなにぴったり合うように見えるのだろう？　この合致に気づいたのはウェゲナーが最初ではなかった。信頼に足る最初の大西洋の地図が使えるようになるとすぐに、一五〇〇年代には早くも人びとはそれについてコメントしていた。

ウェゲナー自身の言葉では、

一九一〇年に遡って、大西洋の両側の海岸線が一致するという直感の下で世界地図を眺めていたとき、大陸移動説の最も重要な概念が最初にひらめいた。それはありそうにもないことだと思ったので、最初は気にもとめなかった。一九一一年秋、総論的な報告書にたまたまめぐりあい、その中でブラジルとアフリカの間のかつての陸橋に関する古生物学的根拠を初めて知った。その結果、私は地質学と古生物学の分野で関連する研究について概略的な検討に着手し、これによってすぐに重大な意味がある確証を得たので、アイデアが基本的に確実なものとして私の心に根を下ろした。

ウェゲナーは海岸線の形の合致にたまたま気づいたが、四〇〇年間、他の誰もがそうであったように、その考えをそれ以上には追求しなかった。彼は気象学と天候の分野で長年の経験を積んだ新進の科学者として業績を重ねつつあった。同じ年、ウェゲナーは科学の分野で『大気の熱力学 *Thermodynamik der Atmosphere*』というドイツ語の標準的な教科書を執筆し、自分の力量をはっきりと自覚した。彼は青二才でも経験不足でもなかった。二六歳の若さでウェゲナーは、極地の気候と気象を調査する、四度にわ

▲図 18.1　アルフレッド・ウェゲナー
1930 年の、4 回目にして最後となった北極観測隊に参加中

たるグリーンランドへの調査隊の最初の一隊を組織し率いていた。

　気象学と極地に関する研究と、マールブルク大学での教育に多くの時間を費やしていたにもかかわらず、ウェゲナーは大陸がかつてはひとつにまとまっていたという証拠を探り続けた。

　一九〇八年、現在でも用いられている気候地域と気候帯の標準的な区分（毎年、私は気象学の講義で教える）をつくり出した気候学の大家ウラジミール・ケッペンと共同で研究を始めた。ウェゲナーとケッペンは文献を調査し、ペルム紀（三億～二億五〇〇〇万年前）の気候帯分布が今日の大陸上で分布しているような形にならないことに気づいたのだ。

　彼らは気候に敏感な堆積物が大陸の移動を反映しているという証拠を集め始め

た。

一九一二年、ウェゲナーは大陸移動の証拠について二、三の講演を行い、そのあとドイツの地理学の学術誌にその証拠に関する三つの短い論文を発表した。一九一三年、ウェゲナーはケッペンの娘と結婚した。その後、氷上で冬を過ごし、救出される前に彼と同僚の隊員のほとんどが死亡寸前になった第二次グリーンランド調査隊を率いた。

一九一四年六月二八日、フランツ・フェルディナント大公が暗殺され、すぐに第一次世界大戦が勃発した。当時のドイツのあらゆる健常者と同様に、ウェゲナーもドイツ皇帝の陸軍に召集された。塹壕《ざんごう》要員としてよりも、経験を積んだ気象学者として測候所に勤務させたほうが、陸軍にとってより役立つとドイツ軍最高司令部が決定する前に、彼は二度負傷（一度は首を負傷）している。

ウェゲナーは、ドイツのある測候所から別の測候所に移動する間も、自身の仮説を記述し続けた。一九一五年後半に『大陸と海洋の起源 *Die Entstehung der Kontinente und Ozeane*』が出版されたが、戦時統制下にあって、それを読んだ者、さらには見かけた者もほとんどいなかった。その中で彼はペルム紀以降（二億五〇〇〇万年前以降）大陸がどのように個々に分かれて移動したのか、ゴンドワナ大陸として知られる南半分とローラシア大陸（ローレンシアとユーラシア）とよばれる北半分からなる超大陸パンゲア内での各大陸の配置を示した史上初の古地理図を公表した（図18・2）。彼はその任務にもかかわらず、陸軍の気象学者であることは恵まれた立場だということに気づいた。彼は終戦までに気象学と気候学に関してさらに二〇篇の論文を発表した。

戦争が終わると、ウェゲナーはハンブルクでいくつかの職に就き、グラーツ大学の常勤職のポストを

〔石炭紀後期〕

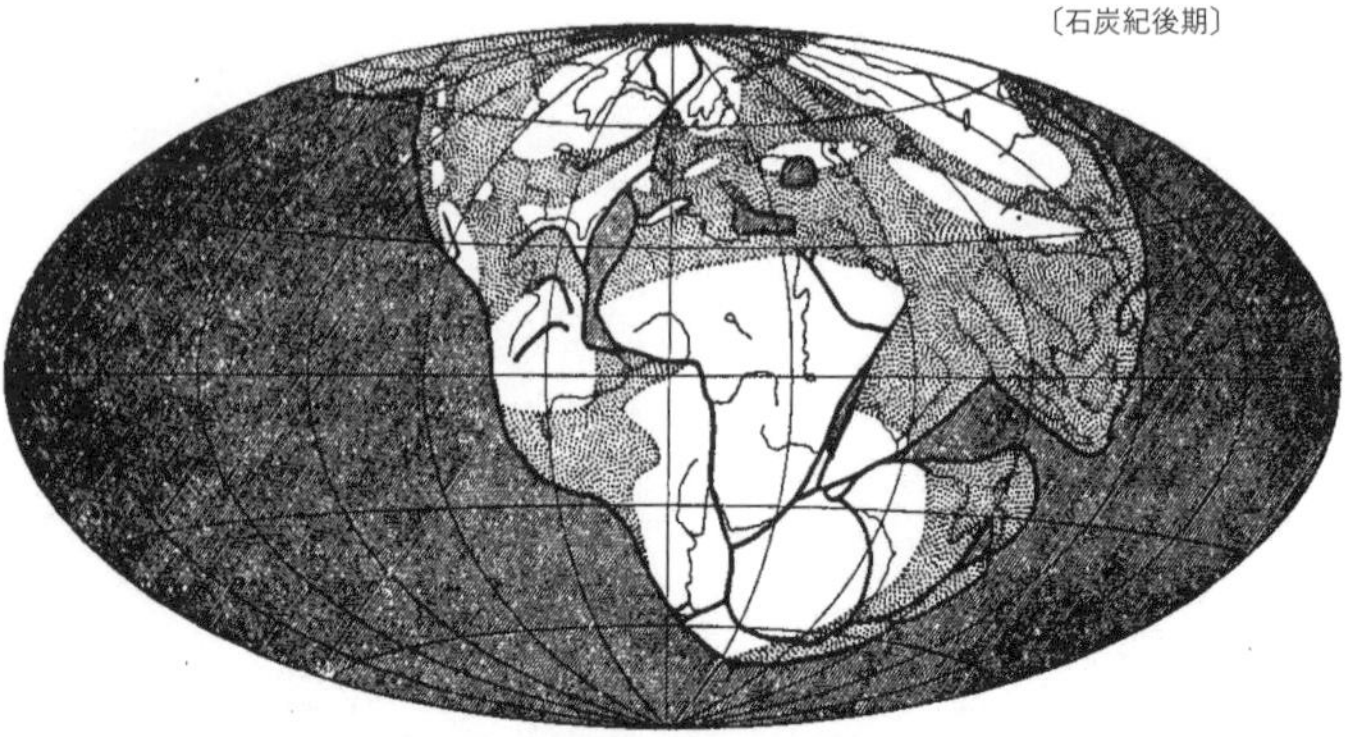

〔始新世〕

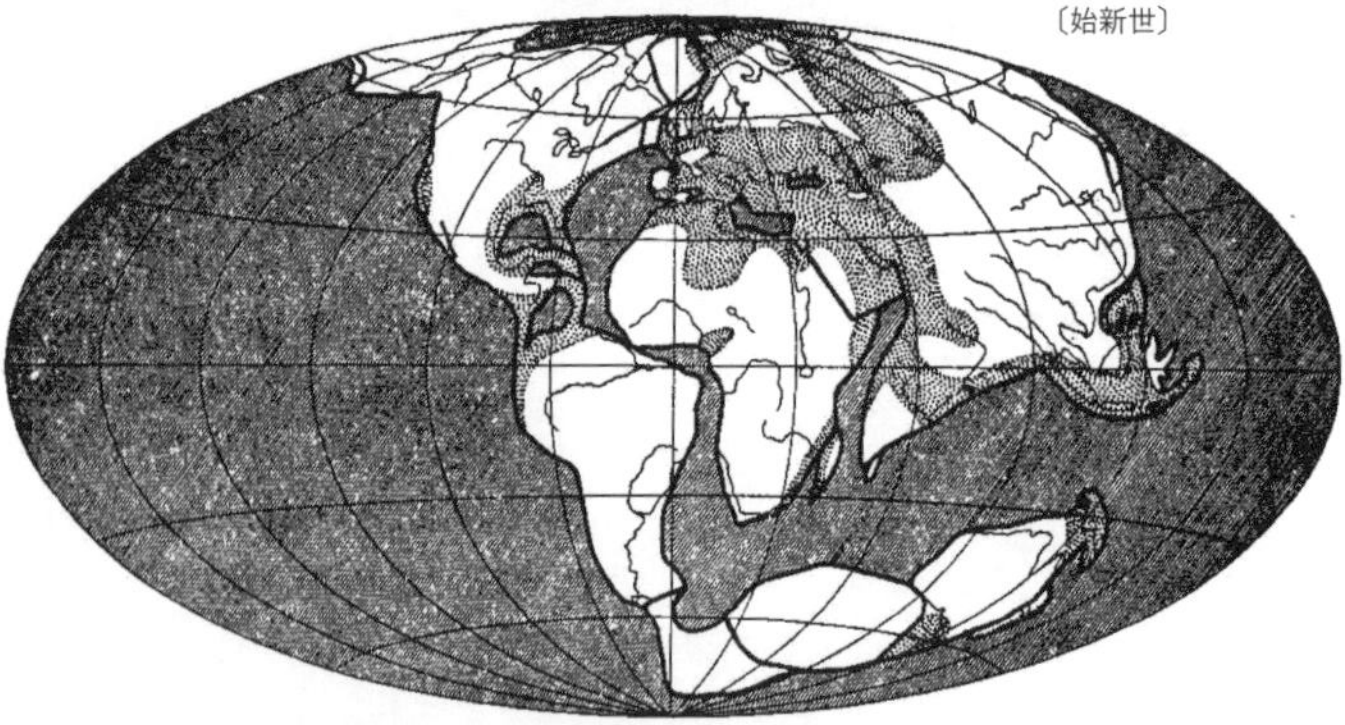

〔第四紀の前半〕

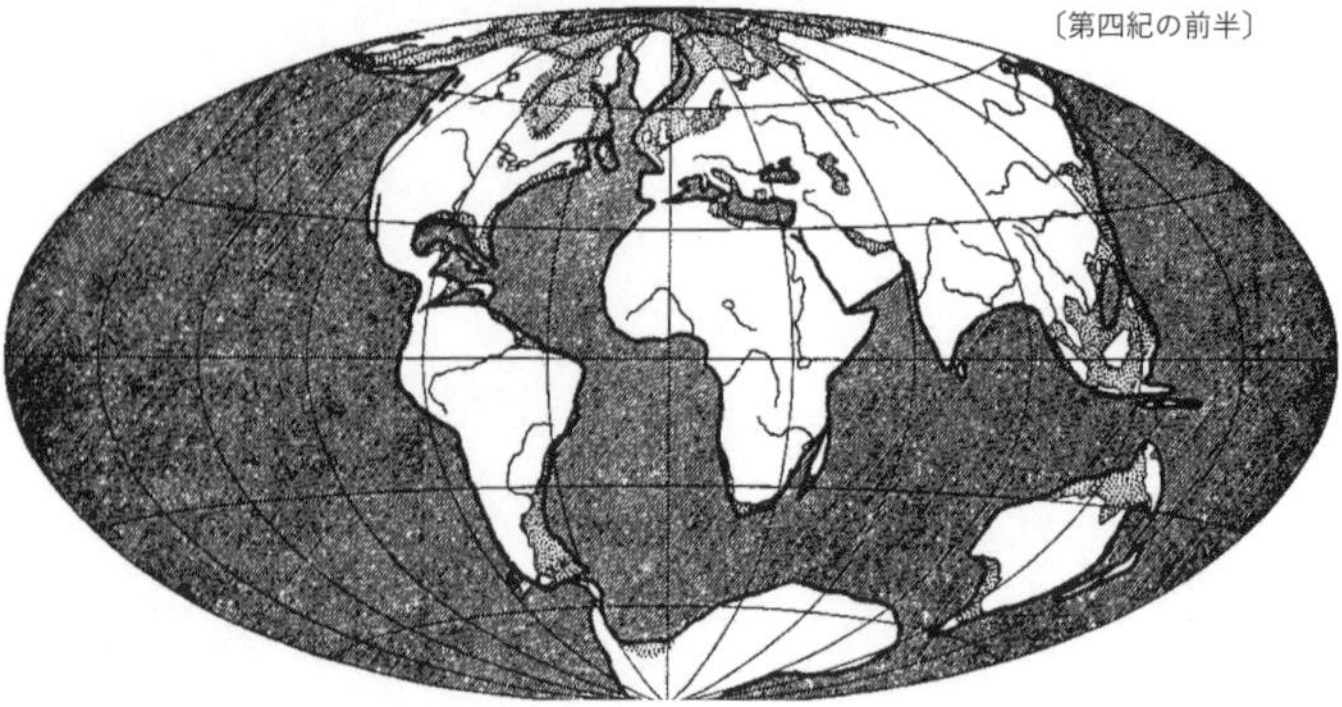

▲図 18.2　大陸移動を図示したウェゲナーによる 1915 年の古地理図

得た。彼は大陸移動に関する考えを裏づけるためにこれまで集めてきた証拠にもとづいて、地質時代の気候に関する本をケッペンと共同で執筆するために時間を使った。しかし彼の著作が一九二五年まで英語に翻訳されることがなかったので、とくにドイツ国外ではウェゲナーはまだほとんど知られていなかった。

地質学者の主流派に無視され続けて一四年以上過ぎてから、ウェゲナーはニューヨーク市で行われたアメリカ石油地質家協会の一九二六年のシンポジウムに招待され、その仮説について講演した。このシンポジウムは彼の考えを嘲り笑う機会として敵対者たちが組織したものだった。そしてウェゲナーは猛獣のすみかに入っていった。彼を招いた座長だけが公平な発言の機会を与えた。それ以外の聴衆は彼を軽蔑し、彼の仮説を否定した。当時の地質学の知識にもとづくと、ウェゲナーの考えは荒唐無稽に聞こえたのだ。

彼らはなぜウェゲナーやその考えを真剣に受け止めなかったのだろうか？　ひとつには、ウェゲナーが地質学者ではなく、気象学者そして気候学者だったことがあげられる。十分な教育を受けることなく、自分の専門分野にくちばしを入れる部外者に対して不信感を抱くのは、ある程度の正当性がある。私はいつもインターネット上で地球に関する荒唐無稽な考えに出くわす。その考えは、地球平面説から地球空洞説、地球中心説、地球誕生が新しいとする説、地球は膨張していると信じる人びとの説までさまざまである。地質学の最初の基礎的ないくつかの科目を学んだ人なら誰でも、これらの説がなぜ間違っているかが簡単にわかるし、実際に野外調査の経験があり、受け売りの情報源にもとづく考えを思いつくだけではない地質学者にとってはとくに明白だ。

さらに付け加えると、ウェゲナーの仮説には欠陥があった。彼は大陸が地球全体を移動したと主張したが、もしウェゲナーが正しいとしたら、大陸が海洋を押し分けて進んだときに広大な面積の海洋地殻が絨毯のようにめくれ上がるはずだ——そしてそんな場所はないと地質学者たちは反論した（現在では、海洋地殻が当時の人びとが考えていたようなものではなく、めくれ上がって山地になるよりむしろ、通常は沈み込み帯で他の大陸地殻の下に沈み込むことをわれわれは知っている）。ウェゲナーはどのようにして大陸が移動したのか、その原動力が何であったのかを説明できず、そして彼が提案した原動力（遠心力のような力）は地球物理学的には不可能だった。

また、彼が推定した大陸の移動速度（年間二五〇センチメートル）はあまりに速すぎで、今日では多くのプレートはその約一パーセントの速度（年間二・五センチメートル）でしか移動しないことがわかっている。公平を期するためにいうと、ウェゲナーがその速度を提案した一九一五年頃は、地質年代の決定はまだ始まったばかりで、超大陸パンゲアが成立していたペルム紀がどのくらい過去のことだったのかは誰にもわかっていなかった。

この章の続きで紹介するように、最高の証拠がついに南半球から現れた。当時のほぼすべての地質学者は北アメリカとヨーロッパで生活し、研究を行っており、開発途上国出身の研究者はほんの一握りしかいなかった。二〇世紀初頭、遠洋定期船でブラジルや南アフリカに行くにはたいへん時間がかかり、高額を要したので、実際にこれらの地域に行って、自分で岩石を見た経験のある地質学者はたいへん少なかった。大半の地質学者は学術誌と書籍の記載を読むだけで、南半球の岩石の鮮やかな色調や目を見張るような類似性を正しく評価することのできないわずかな不鮮明な黒白写真を検分するにとどまっていた。

南アフリカのアレクサンダー・デュ・トワのように岩石を直接に観察した地質学者は大陸移動説の最大の支持者だったが、彼らはその考えが北アメリカやヨーロッパの地質学者の研究集会で発表されたことがほとんどない部外者でもあった。大陸移動説のヨーロッパでの数少ない支持者の一人はアフリカで研究したことがあり、また個人的な経験からアフリカの岩石を知っていたアーサー・ホームズ（上巻第8章）だった。こうして大陸移動説の全体的な考えは、さらに三〇～四〇年の間、荒唐無稽な概念とされたままだった。

この間、ウェゲナーは隅にひっこんではいなかったし、彼の壮大な考えが受け入れられなかったことで不機嫌になっていたわけでもなかった。極地探検家として気象の研究を続け、一九二九年には第三次グリーンランド調査隊を率いた。翌年、最大規模の第四次調査隊を率いたが、それが彼の最後の遠征となった。この調査隊は、さまざまな気象観測器具に加えて、プロペラ動力式の雪そりやその他の機器を装備していた。北半球で最も寒冷な地域のひとつ、グリーンランド氷床中央部にアイスミッテ（ドイツ語で「氷の真ん中」の意味）とよばれる遠隔基地があった。平均気温はマイナス三〇℃で、冬は日常的にマイナス六二℃に達し、北極圏に近いため一一月二三日～一月二〇日は太陽が昇らない。アイスミッテ基地は非常に遠いところにあったので、物資の輸送は危険だったし、時間もかかった。

一九三〇年一一月、ウェゲナーと同行者のラスムス・ヴィルムセンが物資輸送の帰途にあったとき、観測史上まれにみる暴風雪と極端な低温に見舞われた。ウェゲナーはおそらく心臓発作（彼はヘビースモーカーだった）で、あるいは低体温症に陥り凍死してしまった。ヴィルムセンはウェゲナーの体を雪の下に埋め、スキー板を埋葬地点の目印とした。そしてそれ以後、消息を絶ってしまった。あるチームがのちにウェゲナーの埋葬地点を発見し、十字架を立てて再び埋葬した。彼の遺体は今もなお一〇〇メートルの厚さの氷の下にあって、グリーンランド氷床の流動とともに移動しているのだ。ウェゲナーは五〇歳の誕生日の直後、地質学界から知られることも哀悼されることもなく死去した。もしもう三〇年生きていたら、自分の仮説が立証されるのを目の当たりにできたかもしれない——しかし運命は彼に味方しなかった。それどころか、ウェゲナーは壮大な考えをもっていながら軽蔑され、真価を認められないまま死んでいった。そしてその考えが荒唐無稽なものから科学の普遍的な規範に変化するのを生きて見ることがなかった天才の一人だ。

謎その1・岩石のジグソーパズル

ウェゲナーと南半球の多くの地質学者を納得させた証拠とは何だったのだろうか？　その証拠には二つの大きなポイントがある。南半球の大半の大陸にあるペルム紀の地層と、より古い先カンブリア紀の基盤岩層である。

最も鮮明な証拠のひとつは超大陸ゴンドワナを構成していた基盤岩、つまり南アメリカ、アフリカ、オーストラリア、インド、南極大陸だ（図18・3）。被覆した植生とより新期の岩石を剝ぎとると、大陸の下部を構成する基盤岩に行き当たるはずだ。基盤岩には太古代の初期地殻が含まれている。初期地殻

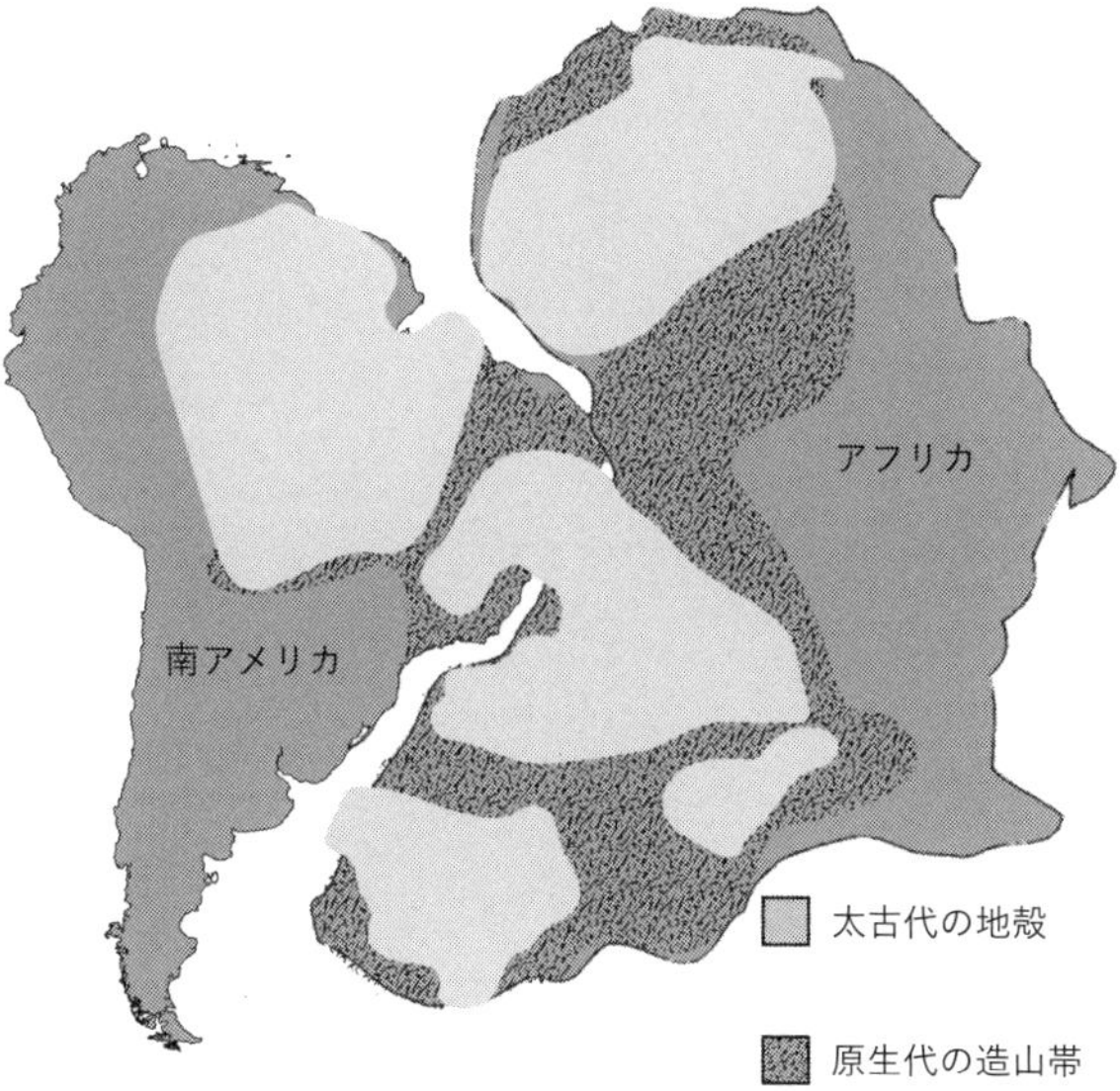

▲図 18.3　アフリカと南アメリカの先カンブリア紀の基盤岩はジグソーパズルのような合致をみせる
両大陸とも太古代の地殻（25億年より古い）でできている初期地殻として成長し始めた。太古代の地殻どうしは互いにぶつかり合って、それらの間には原生代の造山帯が形成された。今日では、これらの基盤岩は互いに引き裂かれていて、太古代の中核部と原生代の造山帯が大西洋の両側にみられ、その分布パターンは互いにジグソーパズルのピースのように合致する

は、互いに衝突・合体する前にそれらの周縁部で形成されていた原生代の造山帯をその間に挟んでいる。どの大陸でも、中核部は太古代の初期地殻を構成する岩石からなり、その周囲には強く変形した原生代の造山帯構成岩石がある。これらの先カンブリア紀の岩石は互いに衝突・合体してより大きな大陸に成長する。

しかし、南アメリカとアフリカの基盤岩で驚くのは、これらの古期基盤岩の分布パターンが大西洋によって突然断ち切られていることだ。南アメリカをアフリカに対応させると、ジグソーパズルのピースのように太古代の中核部が互いに合致し、それらの間にある原生代の造山帯構成岩どうしも合致するのだ。

この驚くべき合致を簡単に説明する方法はない。しかし四〇年間、地質学者はそれが偶然の一致にすぎないだとか、基盤岩類は主張されているほどには似ていないと言い張ったり、あるいは単に無視したりしてきた。

謎その2・間違った場所に設けられた気候帯

南アフリカ、ブラジル、南極大陸、インド、オーストラリアを旅行すると、驚くほど似通った地層の層序を観察できるだろう。その地層群は、石炭層を伴った特徴的な石炭紀の砂岩層、続いてペルム紀前期～中期の氷成礫岩層、これに重なり、爬虫類や原始哺乳類の化石を豊富に産するペルム紀－三畳紀の厚い赤色岩層、そして最後にこれら全体をおおうジュラ紀の膨大な量の厚い溶岩からなる。地質学者の中には、地層名を読まず、地元の地質学者がアフリカーンス語〔訳註：南アフリカの公用語のひとつで、ナミビアでも使われているオランダ語の方言から生まれた言語〕またはポルトガル語を話すのを聞かなければ、自分が南アフリカかブラジルのどちらにいるのかわからなくなる者がいると聞いたことがある。

さらに本質的なことは、こうした特徴的な堆積物がどこで見つかっているかである（図18・4）。赤道域の熱帯雨林帯でだけみつかるはずのペルム紀の石炭層が今日ではその地域外の遠く離れた場所で発見される。同じように、ペルム紀の砂漠堆積物は、現在の世界の砂漠が分布している北緯・南緯一〇〜四〇度の間の亜熱帯高圧帯に分布しているのではない。しかし、大陸を現在の位置ではなくパンゲア内での配置に戻すと、ペルム紀の石炭層はすべて熱帯雨林帯に、そしてペルム紀の砂漠堆積物もすべて亜熱帯高圧帯に位置する。それらこそ、これらの堆積物が形成された場所だ。

この中で最も特筆すべきは、南アフリカのドウィカ氷成礫岩（図18・5）や、南アメリカ、インド亜大陸、オーストラリア、南極大陸などゴンドワナ大陸の多くの場所で発見されている互いに同じ時代の厚い氷成堆積物だ。これらの各大陸のペルム紀当時のゴンドワナ大陸内での位置を考慮してはじめて、それらの堆積物は意味をもつのだ。現在の大陸上でペルム紀の氷床の分布を地図上にプロットすると、氷床は南大西洋とインド洋の大部分にまたがり、現在の赤道域とインドの一部にまで広がる氷床の分布が描きだされるのである。これは古気候学的には明らかに意味をなさない。

さらに注目すべきものは、氷床が地面の上で巨大な岩石を引きずったときにできる擦り跡と溝状の凹みだった〔訳註：第25章参照〕。溝状の凹みが南アフリカで形成され、南アメリカの同様な凹みが同じ方

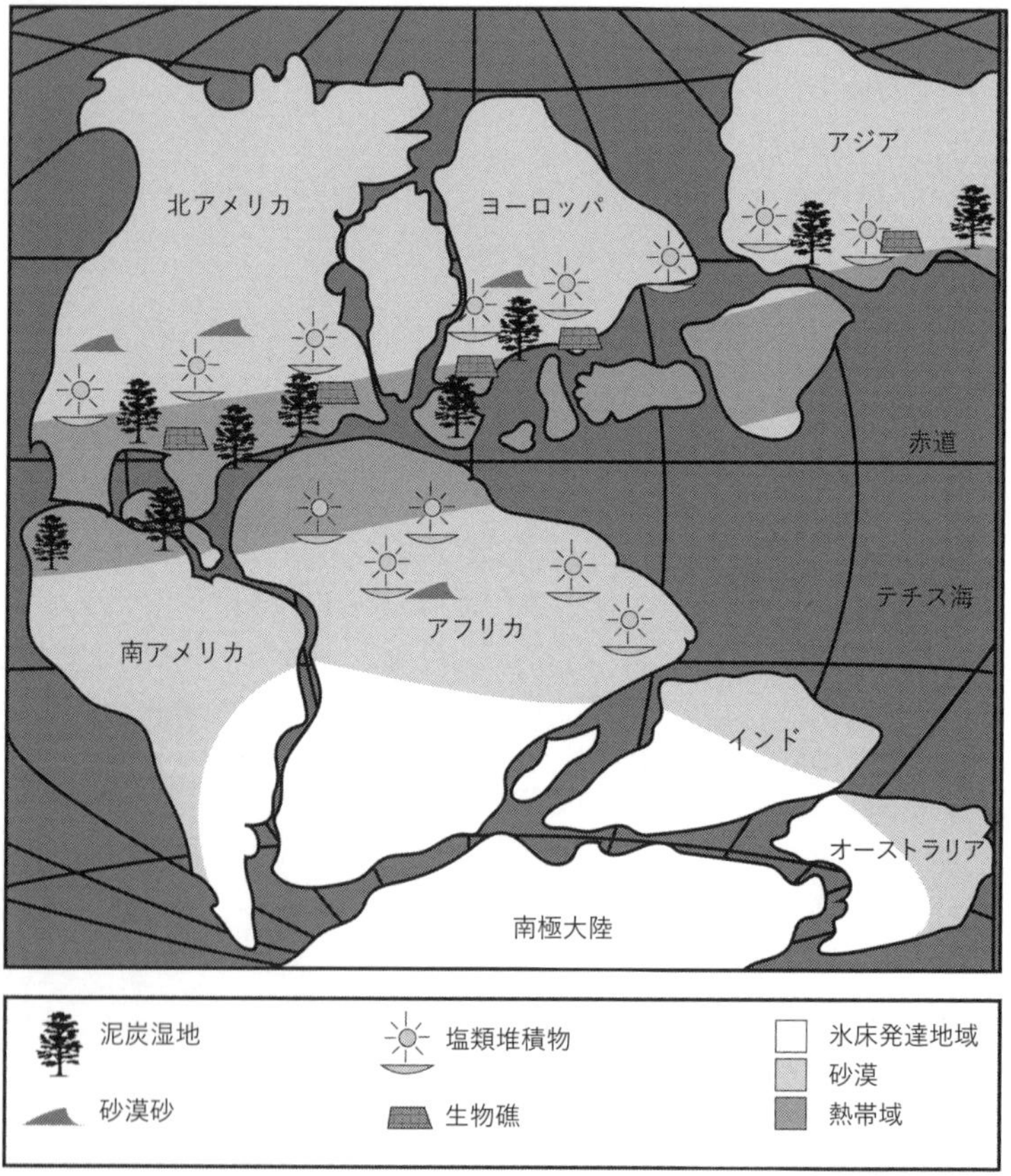

▲図 18.4　ペルム紀の気候帯（両極の氷河、熱帯雨林の泥炭湿地、亜熱帯高圧帯の砂漠）だけが超大陸パンゲアの中での大陸の配置に意味をもっている。これらの堆積物は、現在の分布域を示した地図では完全に位置が違っている

▲**図 18.5**　ゴンドワナ大陸のペルム紀の氷床によって形成された南アフリカのペルム紀のドウィカ氷成礫岩。他のほとんどの氷成堆積物と同様に、これらの氷成堆積物は、細粒の砂や泥とまじり合っている大型の礫で構成され、水中堆積物でふつうにみられる淘汰や層理はみられない

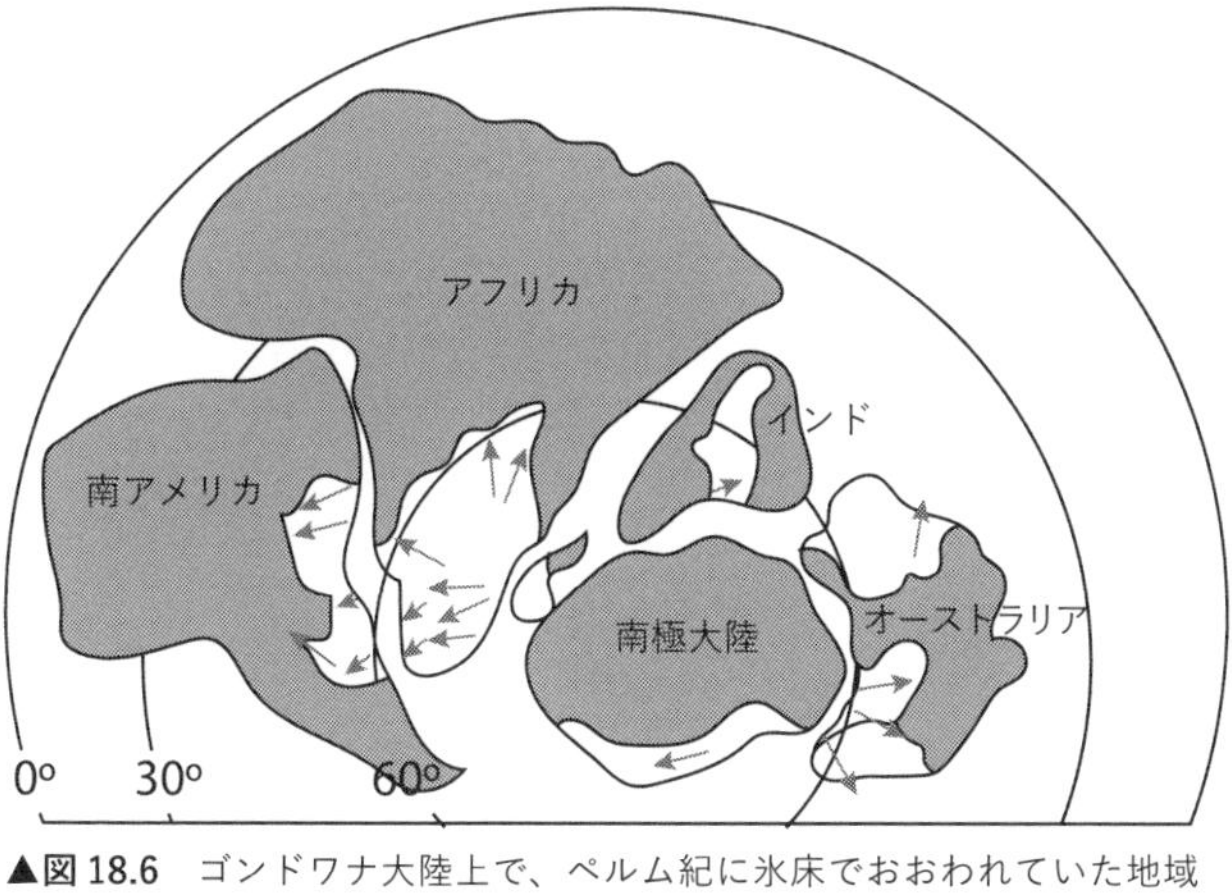

▲**図 18.6**　ゴンドワナ大陸上で、ペルム紀に氷床でおおわれていた地域（白色部）の分布と、アフリカ南西部とブラジルの間で氷床による擦り跡の方向がどのように並んでいるかを示した図

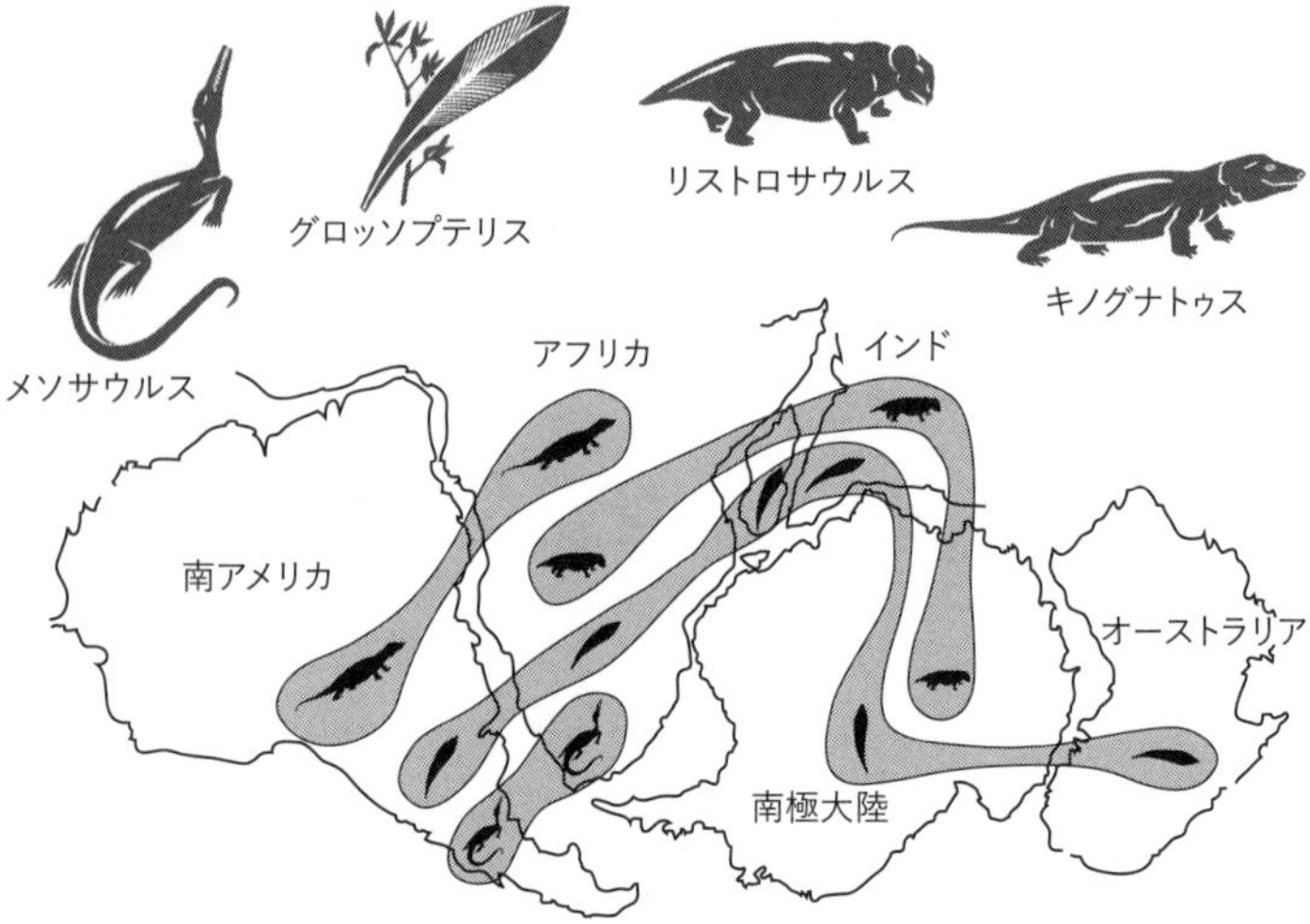

▲**図 18.7**　ゴンドワナ大陸での、裸子植物グロッソプテリス、湖に生息していた小型爬虫類メソサウルス、草食性の原始的哺乳類リストロサウルス、大型・肉食性の哺乳類型爬虫類キノグナトゥスの分布を示した図

向に並んでいるのだ（図18・6）。現在の地球で考えてこれが意味をなすためには、ペルム紀の氷床が大西洋に突入して、真っすぐに大西洋を横切り、同じく直線的なルートでちょうど陸上に続いていかなくてはならないことになる。これもまた馬鹿げている。大西洋が存在せず、南アメリカもアフリカもゴンドワナ大陸の中に含まれていれば、これらの一方向に並んだ擦り傷は意味をもつだろう。

古生代後期から中生代初期のゴンドワナ大陸の岩石から見つかるすべての証拠に加えて、化石はさらに本質に迫る。

南極大陸、オーストラリア、マダガスカル島などゴンドワナ大陸のほぼすべてのペルム紀の地層は、絶滅した原始的な裸子植物、グロッソプテリスの葉の化石を産する（図18・7）。さらに、小さすぎて現在の南大西洋を泳いで渡ることができないメソサウルスという長さ五〇センチメートルほどの小型爬虫類が南アフリカとブラジルの湖成堆積物からのみ産する。

ゴンドワナ大陸のほとんどの場所からは、リストロサウルスとして知られている、くちばしをもった小型の原始的な哺乳類（以前は間違って「哺乳類のような爬虫類」とよばれていた）の化石が産出する。この化石はアフリカとインドから産することがすでに知られており、一九六九年の南極大陸での発見は大陸移動の決定的な証拠とみなされた。さらに、南アフリカと南アメリカだけではなく、ロシアのペルム紀後期の地層からも見つかるクマの大きさほどの肉食性哺乳類も知られている。

これらすべての証拠はアレクサンダー・デュ・トワやホームズのような地質学者を納得させたが、疑い深い北半球の地質学者たちはそれを退けるか、言い逃れようと試みた。ペルム紀のゴンドワナ大陸上の動植物の特徴的な分布は、陸橋〔訳註：ゴンドワナ大陸での化石生物の分布を説明するために、地質学者や古生物学者が想像した大陸どうしをつなぐ通路〕や、動物がいかだに乗って海を渡ったことによると考えられた。岩石自体が合致する件は無視されるか（小さな黒白の学術誌の写真では説得力がなかったため）、場合によっては却下された。要するに、現在の地質学者なら反論できないと思える証拠のほぼどれに対しても、ウェゲナーの書籍が刊行された一九一五年から一九六〇年代初期まで、多くの地質学者による公平な意見聴取の場は設けられなかった――ほぼ五〇年間、世界の大半の地質学者による恐ろしい暗闇が続いたのだった。

一九四〇年代後半から一九五〇年代初頭のアメリカとヨーロッパの最も有力な地質学者から、大陸移動説はまったくの荒唐無稽とみなされていた。一九四〇年代後半に大学に通っていた有名な生物学者で、ドキュメンタリー映画の制作者デイビッド・アッテンボローは次のように回想している。「なぜあなたは大陸移動説について話をしないのかとある講師に尋ねたところ、もし大陸を移動させる力があることを君が証明できれば、自分は大陸移動について考えたかもしれないと、私は冷笑しながら言われた。自分はウェゲナーの考えは戯れ言だと聞かされている」。一九四九年にアメリカ自然史博物館が、陸橋についての講演と、異なる大陸間での岩石の類似性を否定する講演によって証拠に反論するシンポジウムを開催した（講演したほとんどの地質学者は、それらの岩石を直接に観察したことはなかったにもかかわらず）。シンポジウムの論文集はそれから三年後まで出版されなかったが、ふり返るとこのシンポジウムは、われわれの足下で世界が変わろうとしていたまさにその時、近視眼的な誤りを犯していたことの驚嘆すべき好例だ。

深海からの謎解き

その間に、大陸移動の証拠はまったく新しい方向からもたらされるようになった。それは海底だった。ちょうど除雪車の前の雪のように、海底の岩石が移動する大陸の前方に押し出されるはずだとして、地質学者がどのようにウェゲナーの主張を却下したのかを思い出してほしい。彼らの主張は完全に誤りだったことが判明した。海底の地殻について本当は誰も何も知らなかったのだから。

事実、第二次世界大戦の前までは、深海のことはほとんど何もわかっていなかった。海洋は地球表面積の約七一パーセントを占めているが、戦後まで海洋についてほとんど何もわかっていなかった。潜水艦の軍事行動の重要性が、世界の海軍に対して深海を本当に理解する必要に迫られていることを明らかにした。大戦後、ほとんどの国家は軍事費を削減したが、アメリカといくつかの国家は、人間の知識の長期にわたる盲点を是正するために、海洋研究機関に資金をつぎこんだ。資金の投入だけではなく、戦後余剰になった海軍の艦艇がこれらの研究機関に配備され、海洋調査船に転用されたのだった（廃船として捨てられるのではなく）。

一九四〇年代から一九五〇年代初期までには、すべての主な海洋研究所（サンディエゴのスクリプス海洋研究所、マサチューセッツのウッズホール海洋研究所、ニューヨークのラモント・ドハティ地質研究所ほか二、三の研究所）は、年間を通して全世界を航行できる調査船を保有しており、海水の温度、塩分濃度、密度、化学的性質、海底の深さや海底下の岩石や堆積物の性質のデータの収集、また調査船の舷《げん》側からピストンコアラーといわれる長いチューブを落として、何百万年もの海洋の歴史を記録している長さ一〇メートルの堆積物コア試料の採取と、魚雷型のプロトン磁力計（かつては潜水艦索敵に用いられた）を曳航して海洋底の岩石磁気の測定を行っていた。

一九五〇年代から一九六〇年代にかけて、海洋学の研究は地球で最大の水塊の多くの謎を何とか解決することができた。ラモント・ドハティ地質研究所（現・ラモント・ドハティ地球観測所）のマリー・サープとブルース・ヒーゼン（図22・1参照）は、最初の海底地形図を完成させた。この過程で、サープは中央海嶺の中軸部にプレートが拡大し、分裂していることを証明する巨大なリフトゾーンがあることを報告した（第21章参照）。多くの船による詳細な調査は、世界の海底がどのくらい深いのかを示しただけではなく、海底に何があるのかも明らかにした。深海堆積物の掘削コア試料は海洋が時間とともにどのように変化したのか、世界の気候がどのように変化してきたのか、そして氷期（第25章）の出現周期さえも明らかにしたのだった。しかし何より重要なのは、調査船の船尾から曳航された磁力計が岩石の特有の帯磁パターンを明らかにし、最終的に一九六三年に海洋底拡大の実体を証明したことだった（第21章）。その発見以後、プレートテクトニクス革命は最高に加速され、地球科学全体を永久に転換したのだった。

ウェゲナーは自分の死後三三年間に起きたことを見とどけられなかったが、多くの後世の評論家はそれを目の当たりにした。その中には（とりわけ保守的な石油地質学者）、プレートテクトニクスの受容を拒み、最後は死んでいったか、研究を断念してしまった者もいた。他の人たち（一九四九年の悪名高いアメリカ自然史博物館主催のシンポジウムの参加者たちのような）は、自分たちが誤っていたことを不本意ながら認めるようになった。その中の何人かは新しい考えを受け入れた——コロンビア大学の層序学の大家であったマーシャル・ケイは、それまでの自身の研究が時代遅れだったことに気づき、彼は六〇代だったがプレートテクトニクスの視点から自身の研究の再検討を楽しげに始めた。ようやくウェゲナーは名誉を受け、時代のはるか先を進んでいたこと、つまり正しかったことが最後になって証明された予言者だったと賞賛された。

第19章 望郷の白亜の崖

白亜紀の海と温室気候になった地球

ドーバーの白い崖の向こうには青い鳥がいるだろう
明日、待っていればめぐり会える
永遠の愛と微笑みと平和があるだろう
明日、世界が自由になったら……

——ナット・バートン「The White Cliffs of Dover（ドーバーの白い崖）」

ドーバーの白亜の崖

フランス東部またはベルギーからイギリス南東部に向かってドーバー海峡を渡ると、まず目に飛びこんでくるのは水平線の向こうの有名な白亜の崖だ（図19・1）。その崖は、要塞の島というイギリスのイメージを象徴するもので、心理的には大陸からの侵入者に対する城壁あるいは防護壁としての働きがある。崖は堂々として見え、侵入者たちはそれを回避する道をつねに探していた。ウィリアム征服王の軍隊は白亜の崖の間にあるペバンゼイというところで、崖が低くなっている地点を見つけてそこに船を上陸させ、一〇六六年のヘイスティングスの戦いの後、内陸部に攻め入ってイギリスを征服した。

しかし、白亜の崖は、一九四〇年にダンケルク海岸を脱出したイギリス軍、そして故障した航空機の帰還を救援しようとした連合軍の爆撃機の乗組員にとっては歓迎すべき光景だった。イギリスでの戦闘の間、白亜の崖はドイツ空軍機の波状襲来の監視所として軍事上重要な位置を占め、また侵入するドイツ軍機をイギリス軍が十分に前もって探知できる秘密のレーダー監視塔の設置場所でもあった。白亜の崖は、第二次世界大戦中に歌われたバラード「ザ・ホワイト・クリフズ・オブ・ドーバー」に代表されるように、ヨーロッパの戦場にいたイギリス軍の兵士に祖国の平和な生活を懐かしく思い起こさせる感傷的な象徴でもあった。

二〇〇五年「ラジオ・タイムズ」誌のリスナーの投票では、白亜の崖がイギリスの偉大な自然の驚異の第三位に選ばれている。イギリスを意味する古代ローマ語の名前のひとつ、アルビオンは「白い」という意味のラテン語に由来し、おそらく古代ローマ帝国の侵入者が回避しなくてはならなかった白亜の崖を意味している。

▲**図 19.1**　ドーバーの白亜の崖
A：ドーバー海峡からの眺め
B：ビーチー岬での最も高い崖の眺め

チョークとは何だろうか?

ドーバー海峡の白亜の崖の色はチョークとよばれる地層に由来する。「チョーク」と聞くとほとんどの人は、何世代にもわたって黒板に文字や絵を書くのに使われてきた白い粉末でできた棒状のものを思い浮かべるだろう。かつては本当のチョークがその目的で使われていたかもしれないが、現在の黒板用「チョーク」の大多数は、チョークではなく棒状に固められた粉末の石膏でできている。

本当のチョークとは、軟らかく、白くて、多孔質で、カルサイトという鉱物(炭酸カルシウム、$CaCO_3$)でできた石灰岩である。チョークは、円石藻といわれる微細藻類に由来するカルサイト質の微細な殻(ココリス)がゆっくりと深海環境に沈積して形成される(図19・2)。フリント(チョークによくみられるチャートの一種)は層理に平行な帯状物または小さな塊状物としてチョークにごくふつうに含まれる(図19・3)。フリントは水が上に向かって絞り出される圧密過程で形成され、そのシリカはおそらく海綿骨針〔訳註:海綿(海綿動物門のひとつで、主に海生の固着性底生生物)の軟体部に埋まっているオパール質または石灰質の微細な針状、棒状、六放形、亜球形など多彩な形態をもった骨片〕やその他の珪質生物に由来したと考えられる。フリントは珪化された(カルサイトが分子ごとにケイ酸で置換された)可能性がある大型化石の周囲にしばしば沈積している。

チョークには採集可能な化石が海岸の多くの場所で豊富に含まれている。古生物学者によって徹底的に研究され、記載されたブンブク〔訳註:ウニの仲間〕とウニの化石で有名で、多様な二枚貝の他、とり

▲図 19.2　チョークは円石藻という微細な石灰質藻類でできている
円石藻は、表面を覆う、直径わずか数ミクロンのサイズのボタン型板状物であるココリス（円石）を形成する

▲図 19.3　チョーク中には黒いフリント層がふつうにみられる

わけ奇妙な形に殻が渦巻き状になっており、やはり古生物学者によって幅広く研究されているカキの仲間のグリフェアとエクソジャイラを産する。地層からはまた、サメの歯といろんな魚類の化石に加えて、保存状態はよくないがアンモナイトも産する。

チョークは、しばしば伴って産する粘土岩に比べると、風化と崩落に対する抵抗性が大きいため、チョークの尾根が海に出るところで高くて急な崖をつくっている。「チョークの丘陵地帯」といわれるチョークの丘は、通常、チョーク層が地表面に対して斜めに交わる場所に形成されるので、急傾斜の崖を形成する。またチョークには割れ目が多く、多量の地下水を蓄えることができるため、乾期の間にゆっくりと水を放出する天然の貯水層となる。

チョークの露頭はイギリス南東部に限られてはいない。チョークの分布地帯は、じつはドーバー海峡を越えてノルマンディー地方のアラバスター海岸、ブラン・ネ岬にまで広がっている。フランスのシャンパーニュ地方の地下にもチョーク層があり、シャンパーニュのブドウ栽培に適した土壌とワイン貯蔵のための天然の洞窟をつくり出している。チョーク層はさらに東に広がり、ベルギーを経てさらにドイツのヤスムント国立公園やデンマークのモンスクリントなど、北東にある国々にまで延びている。チョークは特徴的で、しかもヨーロッパのかなりの範囲に広く分布する地層だったので、一八二二年、ジャン・バスティース・ジュリアン・オマリウス・ダロアがチョークを意味するラテン語の「クレタ」という言葉にちなんで白亜紀（Cretaceous）という時代名を提唱した。

白亜紀の温室気候下の浅海

現在の北ヨーロッパのチョークの丘陵地帯は九〇〇〇万年前、広い海底に沈積する石灰質の軟泥〔訳註：プランクトンの遺骸に富んだ細粒堆積物で、主に遠洋域の海底で堆積する〕だった。チョークは電子顕微鏡を使った観察が必要で、光学顕微鏡では見えないほどの細かな粒子でできた最古の岩石のひとつで、ほとんどすべてが円石藻でできていることがわかっている。円石藻の殻は海水から沈殿したカルサイトでできている。円石藻が死ぬと、数百万年の間に相当な厚さの地層がしだいに積み重なって、上に重なった堆積物の重みで、最終的には固まって岩石になる。後の時代のアルプス山脈の形成に関連した地殻変動によって、これらのかつての海底堆積物は海水面よりも高く上昇したのだ。

チョークは地球規模の現象の産物でもある。それは白亜紀後期の全球的な温室気候だ。恐竜時代の後半、地球は非常に温暖な気候になり、恐竜が北極圏や南極圏を闊歩していた。大気中の二酸化炭素濃度は約二〇〇〇ppmもあったので（現在の濃度は約四〇〇ppmを超え、しかも上昇中だ）、当時は氷河や積雪がどこにもないと言ってもいいくらいだった。すべての極氷が融解して海水面が極端に高くなり、浅い海が大陸の大部分をおおって沈水させた。チョークの分布はイギリスだけではなく、ベルギーやフランスでもみられ、チョークに富んだ白亜紀の浅海がヨーロッパの大半をおおった。また海水面の上昇によって北アメリカの中央平原は沈水して、北極海とメキシコ湾をつなぐ「白亜紀の西部内陸海路」がつくり出された（図19・4）。これらの海域には、現在、カンザス州西部のナイオブララ・チョーク層（図

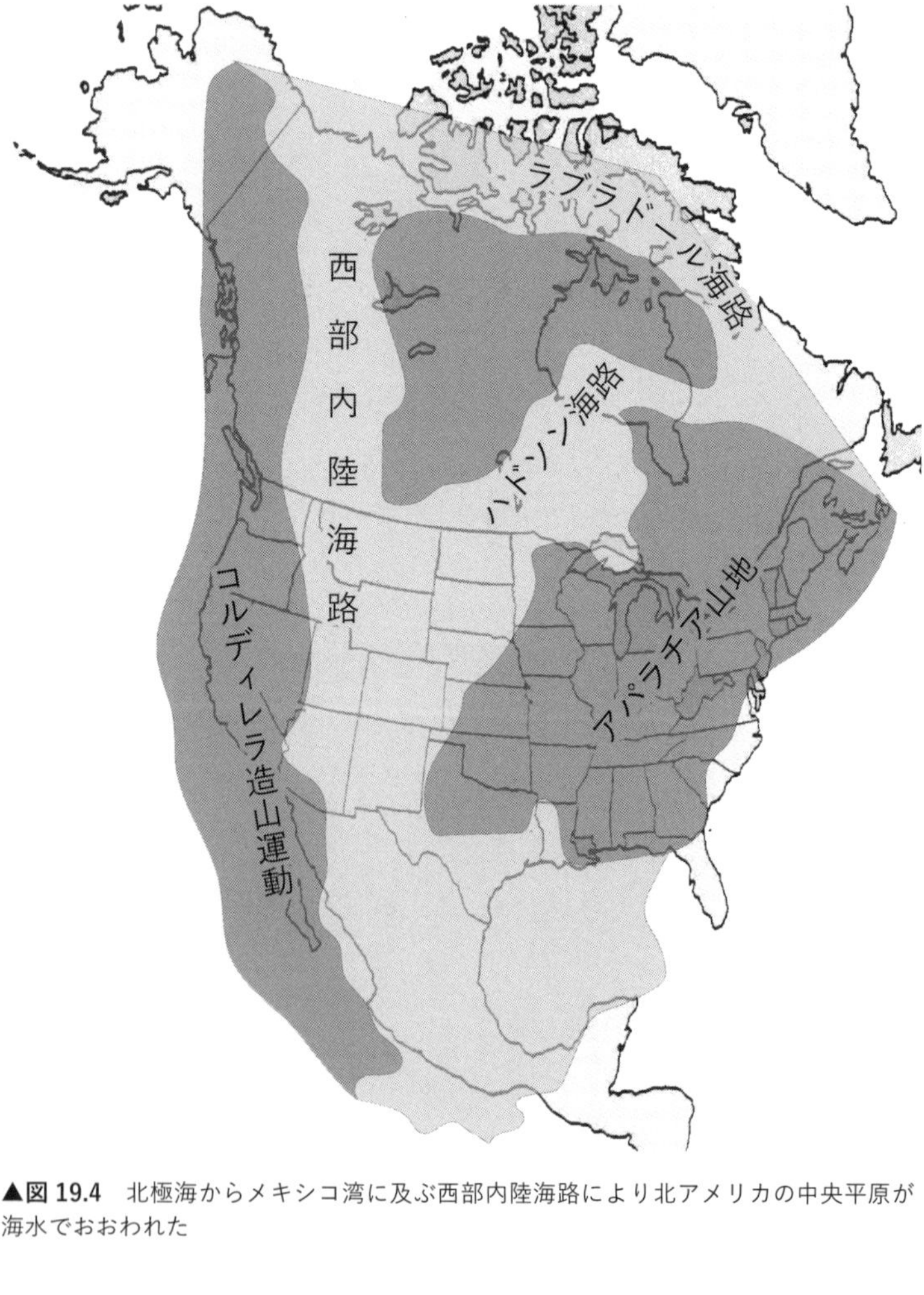

▲**図 19.4**　北極海からメキシコ湾に及ぶ西部内陸海路により北アメリカの中央平原が海水でおおわれた

▲**図 19.5**　カンザス州ゴーブ郡のモニュメントロックス
チョーク層はヨーロッパだけではなく、テキサス州中央部とカンザス州西部の白亜紀層にもみられる

19・5）やテキサス州中央部のオースティン・チョーク層で発見されるアンモナイト、二枚貝、巻貝、巨大な魚類や海生爬虫類が数多く生息していた。

しかし、イギリスの生物学の大家、トマス・ヘンリー・ハクスリーが一八六八年にイギリス科学振興協会の集会で、ノリッジの労働者を前に「チョークの一片」と題して講演したときには、このようなことは何も知られていなかった。科学と自然について一般市民を啓発することに確固とした信念をもっていたハクスリーは、チョーク層を形成した地質学的イベント、チョーク層がどのような種類の化石でできているのか、地質時代のチョーク層が堆積した海洋がかつてどのようなものだったのかなどの面白そうな話をつむぎ出そうと、黒板で粗末なチョークを使うことを選んだ。

その講義はのちに本として出版されたが、それは科学の普及のための偉大な業績として最初に出版されたものの一冊で、いまなお入手可能だ（現在はオンラインを通じて無料で入手できる）。ノーベル賞を受賞した物理学者スティーブン・ワインバーグはそれを「読者のために書かれた一般科学書の最良の一冊」とよんでいるし、アメリカ科学振興協会の書評家デール・ウォルフルは一九六七年に次のように述べている。

ハクスリーが木工職人のチョークの一片を使って古生物学の普及教育を行ったときに比べ、今日、古生物学の教育がさらに広く評価されていることはハクスリーの非凡な才能へのいっそうの讃辞だ。われわれは彼よりももっとたくさんの事実にもとづいた知識をもっているが、科学とは何であるかについて、説得力があり、しかもわかりやすい言葉で説明するより優れた技術の代表例もなければ、その技術を実践する科学者の任務のより精力的な事例もない。

第20章 イリジウム濃集層
恐竜、滅びる

爬虫類の時代は終わった。十分長い間続いたし、そもそもすべてが間違っていたのだ。中生代の最後にそのよき時代が幕を開けた。恐竜の卵を盗んで食べる小さな温血動物がいて、彼らはだんだんと他のものを盗むことを覚えた。文明はすぐ間近にあった。

——ウィル・カッピー『いかに絶滅するか』

予期せぬ偶然

何世代にもわたって、簡略化しすぎた科学の教科書が出版されたために、ほとんどの人びとは、科学とは簡単な予測を立てて、実験で答えを見つけ、特定の目標を達成するために研究を計画することだと思っている。大多数の教科書（または人びと）が認めないのは、科学における幸運という要素だ。科学の偉大な発見の多くは、計画によってではなく、予想しなかった結果に遭遇することで実現するものだ。

予期せぬ発見をした「セレンディップ〔訳註：現在のセイロン島のこと〕の三人の王子たち」というペルシャの古いおとぎ話にちなんで、このような幸運なめぐり合わせによる発見は、しばしば「予期せぬ偶然（セレンディピティ）」といわれる。

科学、とくに化学の分野では偶発的な発見の事例がたくさんある。アルフレッド・ノーベルはニトログリセリンとコロジウム（「硝化綿〔訳註：セルロースを硝酸・硫酸の混酸で処理してつくられるセルロースの硝酸エステル。硝酸繊維素ともいわれる。主な用途は塗料、火薬、接着剤など〕」）をたまたま混合し、TNT火薬の開発にきわめて重要な成分であるゼリグナイト〔訳註：プラスチック爆薬〕を発見した。ハンス・フォン・ペヒマンは一八九八年偶然にポリエチレンを発見した。シリーパティ〔訳註：シリコン系ポリマー〕、テフロン、強力接着剤、防水スプレー、レーヨンなどは、ヘリウムとヨウ素という元素の発見と同様に、すべて偶然の産物だ。

薬品では、ペニシリン、笑気ガス、発毛剤のミノキシジル、ピル、LSD（合成幻覚剤）もたまたま発見されたものだ。バイアグラは不能に対してではなく、もともと血圧を治療するために開発された。天王星、赤外線、超伝導現象、電磁気、X線など物理学と天文学での大発見の多くは思いもかけないものだった。実用的な発明の中の、インクジェット式プリンター、コーンフレーク、安全ガラス、耐熱ガラス、ゴムの加硫はすべて偶然の産物だ。

パーシー・スペンサーは第二次世界大戦後に余剰品となったマグネトロンの別の活用方法を探していて、彼の実験着のポケットに入れていたキャンディーバーをマグネトロンが溶かしたのをたまたま見て電子レンジとして利用できることを発見した。一九六四年、二人の技術者、アーノ・ペンジアスとロバート・W・ウィルソンは新しく開発したマイクロ波アンテナから「ノイズ」を取りのぞこうとしていた。型通りにバグを取りのぞいたあと、彼らは背景に取りのぞけない「シュー」というノイズがあることに気づいた。さらに驚いたことに、そのノイズの発生源は予想より一〇〇倍も強力で、空間で均等に広がっており、地球または宇宙の単一の発生源からのものではなかったのだった。ついに彼らは、長らく予想されていたビッグバンに由来する宇宙マイクロ波の背景放射を発見したことに気づいた。一九七八年、その発見によって彼らはノーベル賞を受賞した。

これらのそして他のたくさんの事例は、なぜ科学が事象を探究し、理解するためだけに「純粋な研究」を行うことが不可欠であるかという正当な理由になるだろう。悲しいことに、近視眼的で、心得違いをした人びと（とくに連邦政府の科学に対する補助金を削減しようとするアメリカ議会の議員）は、「純粋な研究」を価値のない自己満足的なものと蔑み、その研究が実用的であるか、役立つものである理由をすべての科学者に強く求め、それらが示されなければ、補助金を配分しようとしない。これは確実に科学が停滞する道である。さらに科学研究助成金の提供機関でさえ、多くは型にはまって「代わり映えしない」研究に助成金を出し、不確かな情報にもとづく投機的な研究に資金を提供することはめったにない。ニュースキャスターや政治家は、特定の実用的な目標や応用方法がない「純粋な研究」を何度も繰り返し嘲笑う。場合によっては、狭量で無教養な人びとが定評ある科学的な審査過程を妨害し、彼らの気に入らない研究（正当な研究者によって評価を受けた研究であったとしても）に口を挟み、閉め出そうとすることがある。

「科学は実用的で役立つものでなければならない」というこの完全に間違った考えの悲しい皮肉は、科学における最も優れた発見の多くが予想や計画されていたものではなく、偶然に起こっているというところにある。たいていの場合、とても重要な新しい事実を発見した科学者はそれを探していたのではなく、何か他のことを追求していたときに偶然、大発見をしたのだ。しかし科学の場合、研究者が何か新しい、予想もしなかった進展の意義を理解する準備ができているときに、予期せぬ偶然がたびたび起きるものだ。細菌学者、ルイ・パスツールはこう言った。「観察の領域では、チャンスは準備万端の心のみを好む」。また、著名な作家であり、科学者でもあるアイザック・アシモフはこう言っている。「科学の世界で聞いて最もわくわくする言葉は、新しい発見を告げるもので、『見つけた！』ではなく、『そいつはおかしいぞ……』なのだ」

イタリア中央部、アペニン山地での偶然

予期せぬ偶然と思わぬ発見の典型的な事例には、恐竜時代を終わらせたイベントの証拠の発見がある。何が白亜紀の末に恐竜を死滅させたのかについて、何十年にもわたって無意味で結論が出ない論争が続けられてきた。気候が暖かくなりすぎたからだという研究者がいた。寒くなりすぎたからだという者もいた。恐竜の死滅を顕花植物の進化のせいにした研究者もいた——ただし、顕花植物は恐竜絶滅より八〇〇〇万年も早い白亜紀初期に出現しており、実際にはハドロサウルスや角竜《つのりゅう》類〔訳註：トリケラトプスのような角をもった恐竜〕などの草食恐竜の進化にむしろ拍車をかけたかもしれないのだ。哺乳動物が恐

竜の卵を餌にしたためだと提案した研究者もいた——哺乳動物と恐竜はともに約二億年前の三畳紀後期に初めて出現し、哺乳動物が恐竜の卵を餌にすることに突然、味をしめることもなく、一億三五〇〇万年の間、これらは共存していたのだ。さらにもっと突飛で、科学的な検討すらできない考えもあった——伝染病や病気、広範囲なうつ病、精神疾患、さらには異星人が誘拐し、殺害したというタブロイド紙で喧伝された考えすらあった。

一九六四年、古生物学者、グレン・ジェプセンは以下のように述べた。

なぜ絶滅したのだろう?

さまざまな能力をもった著者たちが、気候が悪化(突然に、あるいは徐々に暑くなりすぎたか、寒くなりすぎたか、乾燥しすぎたか、湿潤になりすぎたか)したために、または餌の問題(過食か、シダ植物の油のような食物の不足か、水や植物または摂取した鉱物に含まれていた毒物か、カルシウムその他の必須元素の枯渇か)で恐竜が死滅したと指摘してきた。

他の著者は、病気、寄生虫、闘い、身体構造上または代謝上の障害(椎間板のずれ、ホルモンと内分泌系の機能不全または不安定、脳の矮小化とその結果起きる愚行、加熱による殺菌、中生代に温血だったこととの影響)、分類群存続の年数過多、老化による過剰な特殊化への遺伝的浮動、大気の圧力と組成の変化、有毒ガス、火山粉塵、植物からの酸素の供給過剰、隕石、彗星、卵を餌にする小型哺乳動物による遺伝子プールの枯渇、捕食者による過剰殺害、重力定数の変動、精神病からくる自殺要因の発生、エントロピー、宇宙線、地軸の変動、洪水、大陸移動、太平洋からの月の離脱、湖沼湿地の渇水、黒点、神の意志、造山運動、空飛ぶ円盤の小さな緑の恐竜ハンター（タイムマシンを使って恐竜が生きていた時代に到着し、恐竜狩りをする者。映画「ジュラシックパーク」の恐竜ハンター団などがその例）による襲撃、ノアの箱舟の中に居場所がなかったこと、古代の感傷的悲観主義などを絶滅の理由にした。

これらの考えを論証する公平な証拠がないとすると、これらの考えは想像にすぎず、科学とはいえない。さらに彼らはあまりにも恐竜に重きを置きすぎて、もっと重要な実態を無視していた。白亜紀末の絶滅は、海洋の食物連鎖（とくに特定の種類のプランクトンと多くの種類の海生動物）と陸上植物に影響を及ぼした地球規模のイベントだったのだ。広範囲に及ぶどの絶滅イベントも、恐竜にだけ注目した単一の説明ではなく、もっと幅広い説明を必要とした。事実、絶滅が広範囲に及んでいて、食物連鎖のあらゆるレベルでたくさんの生物を死滅させたとすると、恐竜の死滅は後から起きた結果にすぎず、パズルの最も重要なピースではない。

これが、ウォルター・アルバレスという若い地質学者がイタリア中央部のアペニン山地で野外地質を研究していた当時の、白亜紀末の絶滅についての研究の現状だった（私が初めてウォルターに会ったのは、一九七六年、ラモント・ドハティ地質研究所で、私は大学院生で、彼はまだ名前は売れていないがすでに一人前の研究者だった）。彼の研究の目的は恐竜とは無関係だった。彼はずっと前からこの地域の地質構造、すなわち地層がどのように傾斜し、褶曲《しゅうきょく》したのかに関心をもっていた。イタリアのグッビオ付近で白亜紀最末期から新生代最初期（暁新世）に及ぶ厚い石灰岩層の地質図を描き、記載してい

▲図 20.1　イタリア、グッビオの K/Pg 境界のクローズアップ写真
コインは高イリジウム含有量の境界粘土層の上に置かれている。粘土層の下の白色の白亜紀の石灰岩層、上は大量絶滅後の古第三紀層

たとき、異常なことに気づいた。白亜紀層と新生代層のちょうど境界に、石灰岩ではなく、暗灰色の特徴的な粘土層が一枚挟まっていたのだ（図20・1）。これは「K／T境界」として知られていた。

　地質学の標準では白亜紀の略号が「K」（Kreide：ドイツ語でチョークの意味。第19章参照）で、「T」は六六〇〇万～二四〇〇万年前の新生代の期間である第三紀（Tertiary）を表す略号だ。しかしこれ以降、地質学者は時代遅れとなった「第三紀」という用語を廃止し、六六〇〇万～二三〇〇万年前の期間に対して「古第三紀（Paleogene）」を使っている。いわば、それはいまや「K／T境界」ではなく、「K／Pg境界」なのだ。

　そして予期せぬ偶然が起きた。好奇心からウォルターは、白亜紀－古第三紀境界での大量絶滅の期間の長さについて、その粘土層が何か手がかりにならないかを調べてみることにしたのだった。彼はカリフォルニア大学バークレー校での新しい仕事として試料を持ち帰り、バークレー校の物理学者だった彼の父ルイス・アルバレスに、絶滅イベントがどのくらいの長さの期間に発生したのかを明らかにするには、粘土層をどのように使えばよいのかを相談した（図20・1）。

ルイスは原始爆弾を製造したマンハッタン計画で仕事をしたし、彼自身の業績でノーベル賞も受賞しており、物理学の世界ではすでに有名だった。アルバレス父子のチームは、もし宇宙塵の粒子を検出できれば、粘土層は何かを物語るだろうと考えた。宇宙塵がごく微量だったら、粘土層の堆積は急速だっただろうし、大量に含まれていれば長期間にわたって堆積したはずだと予想した。

あなたなら地質時代の宇宙塵をどうやって測定するだろうか？　ルイスは地殻中ではごくまれだが、宇宙塵や他の地球外物質にはごくふつうに含まれる希元素を探した。彼は、白金族の金属に含まれ、周期表の下のほうにある重金属で、イリジウム〔訳註：原子番号77。元素記号はIr〕という希元素に的をしぼった。そこでアルバレス父子はバークレー校の物理学者で、バークレー校でごく微量の物質を測定できる中性子放射化分析設備を運用していたフランク・アサロとヘレン・ミッチェルに試料を送った。

結果が戻ってきたとき、全員がショックを受けた。イリジウムの含有量は記録用紙からはみ出していた！　イリジウムは、宇宙塵の長期間の堆積から予想されるよりもはるかに多かったのだ。そこで彼らはイリジウムの異常に高い含有量を説明するために、みんなでさまざまなアイデアを出し合った。もしイリジウムのほとんどが宇宙に由来するものなら、地球外の何かが起源だと推定された。彼らは彗星に始まって他のたくさんの可能性を考え、あらゆる種類の仮説の検討を試みた。

ついに彼らは、イリジウムの異常値が白亜紀末に地球に落下した直径一〇〜一五キロメートルの小惑星の衝突に由来すると計算した。その小惑星は、広島、長崎に投下された原子爆弾の一〇億倍以上のエネルギーに相当する、TNT火薬一億メガトンのエネルギーをもっていたことになる（ルイス・アルバレスは、広島に向かうエノラゲイに同行した二機目のB29爆撃機に科学観測者として搭乗して原爆投下を実際に目撃している）。このような小惑星の衝突によって宇宙起源の宇宙塵が地上にまき散らされただけではなく、より重要なことは、衝突によって太陽光線が遮られて陸上・海中の植物を枯死させてしまい、食物連鎖を底辺部分で破壊する「核の冬」効果を招く粉塵の雲が大気に充満する点だ。これらの考えのすべてがまとめられて、一九八〇年ついに第一級の学術誌である「サイエンス」に公表された。これ以来、アルバレス父子、アサロ、ミッチェルの論文は、科学史上最も多く引用された論文のひとつになった。

小惑星衝突のインパクト

そうした大胆な考えが地質学者に最初に提示されると当然、彼らの反応は懐疑的なものになる。第一段階として審査と専門家による評価を受けて問題が再検討され、さらにデータが追加して収集されたあとでも却下される、挑発的な議論を巻き起こす仮説がすべての科学にはある。その多くが真実ではないことが明らかになるか、少なくとも報道が注目するほどのものではないので、科学者たちはメディアで喧伝されているあらゆる新しい発見を真剣に受け止めようとしないことを苦い経験から心得ている。悲しいことに、報道はセンセーショナルな「流血事件ほど記事がうける」文化の犠牲者なのだ。彼らは目を引くようなニュースを一度報道するだけで、その筋書きに疑問をもつ科学者にインタビューすることは決してなく、数年後にその実体が暴露されたことも報道せずに放置する。

しかし専門家の研究集会では、厳密な事実とセンセーショナルではない主張が多くを占める。アルバレス父子と共同研究者の論文が発表されてから何年もの間は、科学に関する大きな研究集会のプログラム（例えば私が一九七八年以来欠かさず出席しているアメリカ地質学会）では、小惑星衝突仮説について議論し、新たなデータを提出し、あるいは誤りを指摘する分科会が多数を占めた。議論は仮説を評価しようとしていた中立的な見解の地質学者たちを悩ませ、一進一退を繰り返した。粘土という物質はあらゆる種類の希少成分を吸着しうるので、最初、地質学者はグッビオの粘土層のイリジウム濃集について懐疑的だった。しかし異常に高濃度のイリジウムがデンマークのステウンスの断崖と深海底の掘削コア堆積物からも発見されるに及んで、その異常値が局地的なものではないことがわかった。

しかしそれは海洋でのことにすぎないのではないか？　仮にそうだとすると、異常値には海洋での地球化学的な原因があったのではないだろうか？　その後、モンタナ州のヘルクリーク層の陸成堆積物からも発見され、それが地球規模だったこと、そして地球をおおう大気に由来したことが明らかになった。もしそうであったとしても、高イリジウムの測定値が、たったひとつの実験技術者の結婚指輪のプラチナに由来する場合もあるので、イリジウムの定量分析が難しいことははっきりしていた。――プラチナや金の指輪にはＫ／Ｐg境界の試料以上に高濃度のイリジウムが含まれている。

一九八〇年代初期には別の情報源からの反発もあった。インドとパキスタンのデカン溶岩を噴出させた地球史上二番目の規模のデカン噴火が、ちょうどK／Pg境界の頃に発生していたことは多くの地質学者の間で以前から知られていた。この噴火は莫大な量の火山塵と火山灰を大気に放出し、「小惑星衝突による核の冬」仮説に似た効果を発生させた可能性がある。マントルに由来するキラウエアのような火山にも多量のイリジウムが含まれていることがわかると、話はがぜん面白くなった（イリジウムは地殻にはたいへん微量だが、マントルや宇宙空間には地殻よりもわずかながら多く含まれている）。再び議論の趨勢が揺れた。カリブ海とメキシコ湾周辺で、天体衝突による球状粒子（衝突クレーターで見つかる地殻物質の水滴型粒子）、衝撃石英（天体衝突や核爆発でのみ知られている）、巨大津波堆積物が発見されて、天体衝突が本当に起きたことが指摘された。しかし改訂されたデカン溶岩の年代測定値からは、その溶岩噴出もまたK／Pg境界の直前に起きた大きなイベントだったことが明らかになった。

最大の問題は「動かぬ証拠」――要は、K／Pg境界での衝突クレーターが見つかっていないことだった。アイオワ州のマンソン・クレーターなどのいくつかの候補があげられたが、新しく行われた年代測定が異なった年代を示したために、この候補は却下された。最終的に問題は解決された――それも再び偶然に。

一九七〇年代後半に遡って、グレン・ペンフィールドという石油地質学者が、巨大なクレーター状の地形がメキシコのユカタン半島北部のジャングルの下に埋もれていることを示す地球物理学的データを発見した。彼はそれを発見し、一九七八年に石油会社の報告書で公表したが、その当時はまだ誰も小惑星衝突仮説に関心がなかった。一〇年後に惑星科学者、アラン・ヒルデブランドは、津波堆積物と衝突による水滴型粒子すべてがカリブ海とメキシコ湾周辺のあちこちに分布していることに気づき、この地域でクレーターを探し始めた。一九九〇年、ヒルデブランドはペンフィールドの報告書を見つけた。その後、マヤ語でチチュルブとよばれる埋積されたクレータは掘削され、調査・研究が行われて、衝撃クレーターであると確認され、年代測定によってK／Pg境界にあたることが確実になった。

化石は何を語るのか？

巨大な天体衝突が白亜紀末に起きたことが立証されたのはたいへん喜ばしいことだとして、地質学者の多く（とくに古生物学者ではない者）はその時点で立ち止まってしまって、「問題は解決済みだ」と宣言した。しかし、巨大なデカン噴火がこの天体衝突と同時か、そのわずか前に始まっていたことがわかっているので、これら二つのイベントの影響をどのように区別するのかというさらに難しい問題が残っていた。この難しさに加えて、白亜紀末には大規模な海水面の低下が起き、かつてヨーロッパと北アメリカの中西部大平原の西部内陸海路（第19章参照）をおおってチョークが堆積していた広大な内陸海域を干上がらせ、空中に露出させたという事実がある。これは浅海の海底すべてを生息地として依存していた海生生物に大きな影響を及ぼしたことだろう。

この複雑な要因の連鎖の最良の調停者は化石記録だろう。結局のところ、K／Pg境界での絶滅原因を究明に導いたのは、恐竜、アンモナイト、その他の生物の大量絶滅だった。そのため、たくさんの研

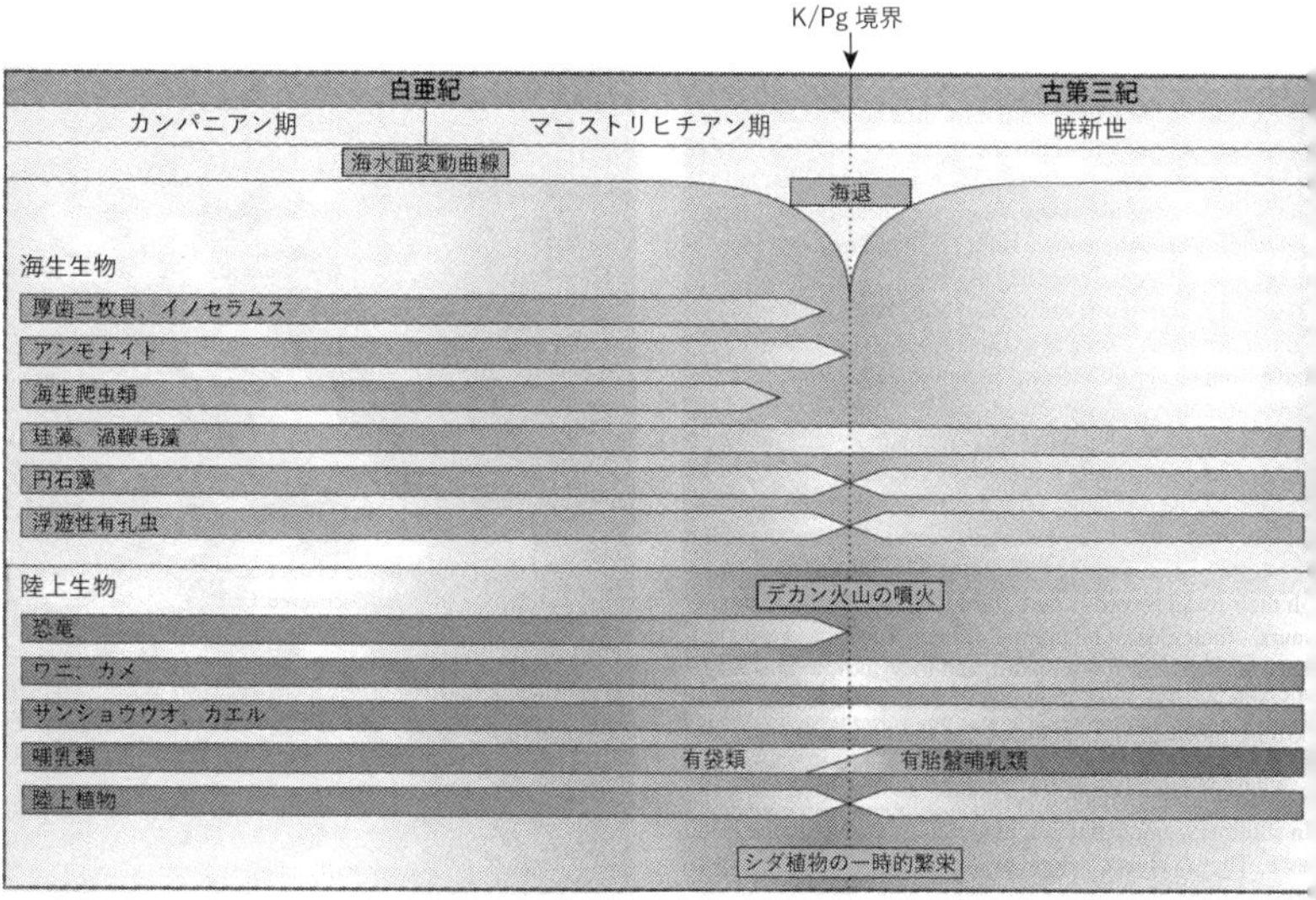

▲**図 20.2**　K/Pg 境界をまたいだ絶滅と残存のパターン

究がそこに焦点を当ててきた。もしK／Pg境界の絶滅で犠牲になった生物すべてが、イリジウム濃集層や他の天体衝突起源の堆積物と同時に死滅したのなら、天体衝突シナリオは有力だろう。しかし、もし白亜紀最末期を通して徐々に死滅していったか、衝突イベント前に死滅したか、衝突イベントを生き延びてその後、死滅したのなら、デカン噴火による長期的な気候変動のゆっくりとした影響、あるいは海水面の変化がより重要だっただろう。

そしてそれは、アルバレス父子による天体衝突仮説が最初に公表されてから過去三七年の間、議論とデータ収集の大半が集中してきたところだ。オチを先に言ってしまうと、絶滅のパターン〔訳註：あるひとつの分類群が徐々に多様性を減少させたのか、突然に死滅したのか、また複数の分類群が一斉に絶滅したのか、衝突イベントを生き抜いた分類群もいたのかなど〕は、イリジウム濃集層であらゆる生物が死滅するような単純なものではなかった（図20・2）。二、三の生物群が衝突イベントの時点で死滅しただけで、驚くほど多くの生物が衝突イベントを生き抜いたか、または衝突イベントのずっと以前に死滅していたか、衰退していたのだ。

海洋では、衝突時に大きな打撃を受けたと思われる二つの浮遊性生物のグループがあって（アメーバのような有孔虫類と円石藻（図19・2参照））、これらは浮遊性生物の中では唯一の重要な絶滅生物である。対照的に、浮遊性生物の別の三つのグループ（珪藻、珪質鞭毛藻類として知られる藻類、加えてアメーバに似た放散虫類）には影響がごくわずかしか、またはまったくなかった。

海生無脊椎動物の多く（海綿、サンゴ、ウニ、ウミユリ、クモヒトデ、腕足類、コケムシ）も影響はごくわずかか、まったく影響を受けなかった。大型二枚貝の二つのグループ（夕食用の皿の形をしたイノセラムス類と円錐形の群体性厚歯《あつば》二枚貝）は、おそらくデカン噴火による火山ガスの海洋への影響を受けたらしく、天体衝突のずっと前に死滅していた。残りの軟体動物のうち、巻貝の三五パーセントと二枚貝とカキ類の五五パーセントが死滅していたが、どの研究もそれらの死滅が白亜紀末期を通じて段階的だったことを明らかにしている。

K／Pg境界、またはその付近で死滅した唯一の海生無脊椎動物はアンモナイト類であるが、古生物学者の大半は、それらが白亜紀末のずっと以前から衰退しており、隕石が宇宙から到達したときには生存していなかったことに賛同している。南極大陸のように、アンモナイト類が白亜紀最末期を通して徐々に衰退し、K／Pg境界にはほぼすべてが死滅してしまった場所もある。このような絶滅パターンはデカン噴火の火山ガスによる気候条件の劣悪化と矛盾しない。加えて、海生爬虫類（モササウルス、プレシオサウルス、巨大なカメ）も白亜紀最末期にはすでに衰退しており、これらが生存時に隕石衝突を目撃した明確な証拠はない。

陸域でも、絶滅パターンは海域の場合と同じように複雑だ。花粉の研究から、代表的な白亜紀最末期の植物群（アクィラポーレニテス属花粉群集）はイリジウム濃集層の推積時期に死滅し、またK／Pg境界のすぐ近くに驚くほど大量のシダ植物の胞子が存在しており、被子植物の死滅と、寒冷化と太陽光線の減少の時期が一致していることがわかっている。

しかし他の陸生哺乳類は複雑で、相矛盾した応答をする。確かに、恐竜（その鳥類型恐竜の子孫をのぞいて）は絶滅したが、最新の研究によると、K／Pg境界のずっと以前から恐竜は衰退していて、少数のトリケラトプスとティラノサウルスが生き残って地球への火球落下を目撃したと考えられている。しかし陸生動物のほぼすべて（ワニ、カメ、ヘビ、トカゲ、淡水魚、カエル、サンショウウオ）はほとんど絶滅することなく、地獄のような「核の冬」をうまく生き延びた。ある種の天体衝突説が主張するように、もしたいへん極端な世界だったとしたら、ワニはどのようにして生き残り、そしてワニよりも小型だったある種の恐竜はなぜ絶滅したのだろうか？　提案されてきたように、最悪の火災旋風〔訳註：都市での地震や広範囲の山火事などで発生する炎を伴うつむじ風〕の間、その中のあるグループは水中の生息地で生き残ることができたのかもしれないが、長くは生きながらえなかっただろう。他の研究者たちは、現在もあるグループがそうするようにワニは河川の土手の穴の中で冬眠状態にあったと提案している。しかし、もし本当に冬眠していたとすると冬眠に備えて彼らには長い準備期間が必要だが、天体衝突はその余裕を与えなかったはずだ。白亜紀当時はどこにも雪氷がほとんどない温室気候の世界だったので、白亜紀の冬はたいへん穏やかだったことを思い出してほしい。

哺乳類は、多様性の点では相対的にわずかに低下したものの、優勢だったオポッサムのような有袋類から、暁新世での最初の優勢な有胎盤哺乳類のグループへと推移を見せた。リスに似た抱卵性の多丘歯類は中国では消滅したが、北アメリカでは消滅しなかった。

結局、ユカタン半島の石膏層に落下した天体衝突からの大量の酸性雨発生を提案したどの極端な絶滅のシナリオも、多孔性の皮膚のために両生類はその生息地でのわずかな酸性物質にも耐えられないという事実を無視している。現代の雨で今日起きつつある酸性度の若干の変化でさえも、カエルやサンショウウオには大惨事を引き起こす。

終わりなき論争――メタ解析

〔訳註：独立に行われた複数の研究成果を統合し、その結果を用いて行う解析手法〕

要するに、記者の多くや人びとが聞いた（そして一部の科学者も信じている）「宇宙から来た岩石が絶滅の原因。たったそれだけのことだ」的な単純なシナリオは、化石記録からは支持されていない。科学界では議論が始まってから三七年以上が過ぎてもまだ続いているが、収束の兆しはみえない。私は毎年秋にいろいろな都市で開催されるアメリカ地質学会の全国学術大会に出席する。そして毎年、新しいデータの詳細を議論する分科会が開催される。しばらくの間は天体衝突説支持者が多数を占めていたようだったが、二〇一四年にバンクーバーで開催されたアメリカ地質学会の学術大会では、意見の趨勢はデカン噴火原因説に戻り、二〇一五年のボルチモア、二〇一六年のデンバーでの学術大会でも同じだった。

はっきりしているのは三つの出来事がほぼ同時に起きたことである。天体衝突、火山噴火、海水面低下だ。三つすべてが大量絶滅に影響したに違いなく、すべての結末を説明するには単一の原因では不十分だ。自然とは複雑なもので、単純化しすぎた仮説を拒絶する。メディアがいくら過度に単純化しようとしても、K／Pg境界の大量絶滅がなぜ起きたのかという複雑なイベントについての単純な「正解」はなく、だからこそ単語数の制限範囲の中で記事を書くのはかえって簡単なことだ。

一方、果てしない議論は専門化の道をたどって、二極化しつつある。地質学者、地球物理学者、地球化学者たちは、いったん分析機器からデータを取り出すと簡単で明快な解答を好み、天体衝突だけのシナリオを好む傾向がある。一方、古生物学者は生物学を習得していて、単純化した結論を拒む生物界の複雑なシステムを理解している。一九八五年の意見分布調査では、恐竜、爬虫類、両生類、哺乳類を研究する古脊椎動物学者のうち、天体衝突がK／Pg境界での絶滅の原因だとすることに賛同したのはわずか五パーセントでしかなかった。

一九九七年、イギリスの著名な古生物学者二二人（白亜紀後期に生息していた生物群ごとの専門家）への意見聴取では、天体衝突が海生動物の化石記録にとって重要であるとする考えに圧倒的多数が反対票を投じた。二〇〇四年の古脊椎動物学者に対する調査では、天体衝突をK／Pg大量絶滅の原因と認めたのはわずか二〇パーセントでしかなく、七二パーセントの人びとは、大量絶滅がデカン噴火に矛盾しない、徐々に進行する過程であり、天体衝突が原因ではないと受け止めていた。二〇一〇年には、天体衝突こそがK／Pg境界での大量絶滅の唯一の説明だと再び強調した複数の著者（うち何人かは古生物学者）による一篇の論文が、著名な学術誌「サイエンス」に発表された。天体衝突は大量絶滅のシナリオの中ではごく小さな一部にすぎないと主張した二八人の古生物学者は、すぐに論文を書いて反論した。ウォルター・アルバレスでさえ自らの著書、『絶滅のクレーター――T・レックス最後の日』でK／Pg境界の大量絶滅には複数の複合した原因があったと認めている。

要するに、論争はとどまるどころか、専門的な特殊化の路線を歩んで大きく二極化している。しかしもっと大事なことがここで争点になっている。あるモデルか他のモデルを広めることで研究履歴を築いた人もいて、彼らには失うものがたくさんある。研究資金、出版物、名声、あるいは自尊心も。根拠が何であれ、彼らはおそらく意見を撤回しそうにない。結局のところ科学者も人間であって、票決が彼らに負けを認めさせなければ、彼らは自ら負けを認めようとはしないだろう。

論争はこれ以上にもっと個人にかかわる場合もあり、一九八〇年代から一九九〇年代に起きた乱闘劇のような論争の間には、多くの中傷や経歴の毀損があったことは間違いない。ルイス・アルバレスはこう述べている。「古生物学者について悪いことを言いたくないが、本当のところ彼らはとても優れた科学者ではなく、切手収集家により近い」。これとは逆の立場から、恐竜古生物学者、ボブ・ベイカーは記者に対してこう述べた。

これらの人びとの横柄さは簡単には信じ難い。彼らは実際の動物がどのように進化し、生き、そして絶滅していったかについて、ほとんど何も知らない。しかし地球化学者は、自分たちの無知にもかかわらず、自分たちすべてがなすべきことは高級な機器を始動させることであって、自分たちが科学に革命を起こしたのだと思っている。恐竜絶滅の本当の理由は、気温と海水面変動、移動による病気の蔓延、その他の複雑な出来事とも関連があるのだ。実際、地球化学者はこう言っている。最先端技術をもつ人びとこそがすべてその答えをもっている。そして古生物学者諸君、あなたがたは昔ながらの石ころ収集マニアでしかないのだ。

このような態度がみられ、そして多くのことが問題になっており、「複雑なのだ」という意見は混乱を招くだけではなく、最初の論争参加者が死ぬか引退するかで論争の場を去らない限り、論争は決して終わらない。そしてその日はまだ来ていない。

科学的な結末が何であれ、グッビオでのイリジウム異常値の発見とアルバレスの天体衝突による絶滅仮説の提案は科学にとって素晴らしいことだった。論争は多くの新しい詳細な研究と何千もの論文、何十冊もの書籍を生み出した。論争によって地質学と古生物学の特定の分野に新しい生命が吹きこまれ、たくさんの専門職を生み出した(しかしその一方で若干のポストが失われもした)。論争は長い間、チャールズ・ライエルの極端な漸進説が長く反対していた、まれにしか起きない天変地異的なものだが、自然に起きたイベントを研究者たちが主張して、違った視点から地質学を見ることにつながった。しかし論争はある点ではおそらく度を過ぎていた。一九八〇年代から一九九〇年代、地質時代に起きたすべての大量絶滅を天体衝突で説明しようとした研究者もいたが、他の時代の絶滅イベントには天体衝突の証拠がまったくないことがわかったにすぎなかった——K/Pg境界だけだった。しかし、それこそが科学がいかに機能するかを表している。われわれは過ちを犯すが、遅かれ早かれ外部の専門家による論文の吟味と、後に続く多くの研究が誤りを正し、われわれは正しい答えを手に入れる。そして世界はいっそう豊かなものになるのだ。

第21章　天然磁石
プレートテクトニクスの基礎になった古地磁気学

地球はそれ自身が巨大な磁石だ。

——ウィリアム・ギルバート「磁石論」

謎その1・天然磁石と地球の磁性

古代から、人びとはロードストーンといわれる石（現在では磁鉄鉱の類として知られている）に神秘的なものを感じてきた（図21・1）。紀元前六世紀には早くも、ギリシャの哲学者、ミレトス学派のタレスがどのようにしてこの特異な石が互いに引きつけ合い、また鉄の小さなかけらがその石にくっつくのかについて述べている。紀元前四世紀には磁気を帯びた岩石のことが中国の『鬼谷子（悪魔の谷の主）』という書物の中で触れられている。紀元前二世紀の中国の年代記『呂氏春秋』は「磁石は鉄に近づき、鉄を引き寄せる」と述べている。紀元二〇年から一〇〇年の間に書かれた『論衡（均衡がとれた質問）』

▲図 21.1　ガリレオによる改良型の羅針盤
紐で吊るされた天然の磁石が自由に回転し、向きを変えることができるので、この装置は磁北を決めるのに使われた

では、「磁石は針を引き寄せる」と指摘されている。

一二世紀には、中国の航海士はコルクに刺した磁針を水に浮かべて、原始的な羅針盤にする方法を見つけていた。一一九〇年、ネッカム学派のウィリアムは羅針盤について記述しており、それにはそのような羅針盤がこの時代には中国だけではなく、ヨーロッパでも広く使われていたことが述べられている。

どのような不思議な力が磁石に北を向かせるのか、またなぜ別の磁石や鉄のかけらを引き寄せるのかの推論は何世紀もの間続いた。実際、磁気という言葉は、今われわれが磁石や電気について知っていることにはもともと関係なく、間隔が開いていても作用する、説明がつかない力に対して用いられるようになったのだ。今日でもわれわれは「動物磁気（訳註：ドイツ人医師、F・A・メスメルが提唱。患者の治療に磁石を用い、のちの催眠術の発展につながった）」や「人を引きつける（磁石のような）」個性をもった人について話す。

しかし一六〇〇年、イギリスの自然哲学者であり、医師でもあったウィリアム・ギルバートが、『磁石論 *De Magnette*』と題した、磁気と磁石について当時わかっていることのほぼすべてをまとめたラテン語（その当時の学者が使う言語だった）で書かれた本を出版した。この本は電気と磁気についての現代的な理解の出発点だと考えられている。彼は、磁気を帯びた他の物体を引きつける棒磁石のまわりには目に見えない領域があり、それは磁石のまわりに鉄の粉をばらまくと見ることができると正しく結論づけた。また彼は地球はひとつの巨大な磁石に違いないと主張し、なぜ磁石がつねに北を指すのかを説明した。事実、地球内部には巨大な鉄の塊があるに違いないと主張した点で、ギルバートは時代の先端にいたのだ。それはずっと後になって、地震学や重力、隕石の研究（上巻第10章参照）によってのみ確かめられたことだった。

ギルバートはまた、地球が自転軸を中心に回転していることを正しく論証し、ほとんどのキリスト教社会で異端とみなされた、コペルニクスの地動説（一五四三年に初めて出版された）を支持する考えをほのめかした。これはガリレオが地動説を擁護し、宗教裁判がその信条を撤回しなければ拷問すると彼を脅した二〇年も前のことだったことを覚えておいてほしい。ギルバートは天の巨大なドームに「固定された星」という考え（当時は一般にはそう信じられていた）は、惑星がそのドームの外を運動する

「天球」の考えとともに不合理だと指摘した。そうではなく、ギルバートは、星とはわれわれからはるか彼方にある光源から来る光の点だと理解していた。また彼は静電気の性質の研究にも手を染めていた。布の上で琥珀のかけらをこすると簡単に静電気が発生するので、彼は「琥珀のような」を意味するラテン語のエレクトラム（electrum）という言葉から「電子（electron）」という言葉を提唱した。

ギルバートはその著書が刊行されたわずか三年後に黒死病で命を落としてしまったので、その優れた研究を継続していく機会を失った。しかしその後は、電気に対する理解の飛躍的な進歩とともに、磁気についての研究が科学研究の最先端分野のひとつになった。一八〇〇年代初期、マイケル・ファラデーは地球磁場の性質と、磁場と電場の関連性を証明する多くの実験を行った。一八六〇年代には、ジェームズ・クラーク・マクスウェルが、ファラデーの実験についての明快な数学的説明を行って電磁気学として統合した。

地球磁場の発生源は長い間謎で、多くの神話の影響の下にあった。初期の哲学者や博物学者は、明白な物理的原因がなく、空中で測定できるので、磁気の源は天空にあると推定していた。ギリシャ・ローマ時代には、磁場はどこかずっと北にある磁気をおびた巨大な山が原因だと思われていた。古代ギリシャの哲学者であり、天文学者でもあったアレクサンドリアのクラウディオス・プトレマイオス（地球を中心にすえた宇宙での天体の軌道の問題を説明する周転円のシステムで有名）は、磁気がとても強いので、船体に使われている釘を引き寄せることによって船をある位置にとどめているボルネオ近くの伝説の島について記述した。『千夜一夜物語』に出てくるアラビアの有名なアラジンと船乗りシンドバッドの話には、磁力がたいへん強く、船の釘を引き抜いて船をバラバラにして沈没させてしまう伝説的な山が登場する。有名な地図制作者メルカトルは鉄でできた山を北極にすえたが、北極の回転極と磁北極の間での磁力線の方向の違いを説明するのにその山が使えなかったので、メルカトルは鉄でできた山二つを地図の一番上に置いた。

地球磁場の本当の成因は、地球物理学者が地球の核は密度の大きい鉄－ニッケル合金〔上巻第10章参照〕でできているのだという結論に達した二〇世紀半ばまで発見されなかった。地球の核の温度は四〇〇〇℃以上で、あまりにも高温のため、その中心では永久棒磁石は存在できない（固体の棒磁石は六〇〇℃以上に熱せられると磁性を失う）。一九四六年、ウォルター・エルサッサーは、観測された地球磁場が核の中での液体鉄の運動によってどのようにして生み出されるのかを最初に提案した。この研究は、流体力学を地球物理学に応用して地球磁場と核の運動を初めて数学的にモデル化した物理学者、エドワード・ブラードに引き継がれた。

それ以来、エルサッサー、ブラード、その他の多くの研究者による地球物理学での流体モデルの構築によって、液体の鉄－ニッケル合金でできた地球の外核内部で磁場ダイナモ〔訳註：もともとは直流を生成する発電機〕がどのように回転するのかが明らかにされてきた。ダムの水力発電設備のダイナモが磁石のまわりに導線を巻きつけたコイルを回転させて発電するように、地球ダイナモは地球磁場を通じて導電性をもつ鉄－ニッケルの塊を回転させて電流を発生させる――巨大なフィードバック循環回路の中で、より強い磁場、より強い電流が発生する。これがどのように機能するのかについての数学的な詳細はたいへん難解だが、それは現在知られている地球磁場の性質に最もよく当てはまる唯一の説明だ。

謎その2・一致しない磁北——極移動曲線

一八〇〇年代の半ば、科学者たちは岩石のような固体物質の標本に磁場が存在することを検出する簡単な装置を開発した。やがてそれはどんどん精巧になって、その結果一九三〇年代には、水面下の潜水艦の磁気的特性も検知できるプロトン磁力計になった。一九四〇年代になると、岩石試料のより微弱な磁場を検知できるフラックスゲート磁力計が登場した。

一九四八年、ワシントンのカーネギー研究所地磁気部門のエリス・ジョンソン、トーマス・マーフィ、オスカー・トレソンは「有史以前の地球磁場 Pre-history of the Earth's magnetic field」と題した非常に影響力のある論文を発表した。彼らは氷河湖から得た過去の堆積物の帯磁方向を解析して、溶岩や火山岩だけではなく、堆積物も強い磁気的特性をもちうることを明らかにした。彼らは、一万七〇〇〇〜一万一〇〇〇年前の期間の地層一枚ごとの帯磁方向の変化を明らかにすることができた。この論文は多くの科学者が過去の地球磁場の研究（古地磁気学）に注目することに拍車をかけた。過去の磁性は幅広い領域での、興味深く魅力的な問題を解決してきたので、古地磁気学を研究する科学者は「地質時代の手品師」とあだ名されている。

この研究が、霧箱〔訳註：過冷却して霧が発生した気体に放射線や荷電粒子を入射して気体分子をイオン化し、それを核とした飛跡を観察、検出する装置〕を使った宇宙線の研究で一九四八年にノーベル賞を受賞したばかりの優れた物理学者、パトリック・ブラケットの目にとまった。一八九七年、ロンドンに生まれたブラケットは、第一次世界大戦ではイギリス海軍に従軍し、砲術やその他の海軍の装備品の改良を行う中でいくつかの戦いを生き抜いた。戦後、ケンブリッジ大学の有名なキャベンディッシュ研究室で物理学の道に進み、そこで彼は放射線研究の大家、アーネスト・ラザフォード〔訳註：上巻第8章参照〕の弟子になった。ブラケットとラザフォードは霧箱を開発し、ついに反物質を発見した。一九四七年、ブラケットは、電磁気ともうひとつの基本的な力である重力とを結びつけるのに役立つことを期待しながら、地球磁場を検出する磁力計の開発に取り組んでいた。この努力は実を結ばなかったが、この過程で彼は数段優れた磁力計を開発し、また過去の岩石の古地磁気データを多数収集した。

ケンブリッジ大学のブラケットの学生の中には、まったく新しい古地磁気学の分野を切り拓き、磁性をもった過去数百万年の大陸の岩石に記録された極の位置の変化に注目したキース・ランコーンがいた。ニューカッスル大学に移り、そこでランコーンは壮大な古地磁気学の研究計画を立ち上げ、テッド・アーヴィング、D・W・コリンソン、ケン・クレア、ニール・オプダイクなどの古地磁気学分野で有名な研究者を多数育てた（私はオプダイクに教わったことがあるので、ラザフォード－ブラケット－ランコーン一門の直系門下生といえる）。

ランコーンとその学生や共同研究者は、さまざまな大陸で得られた種類や年代が異なる岩石の古地磁気の帯磁方向データをできる限りたくさん集めて整理、編集する作業に取りかかった。一九五〇年代の半ば、データが膨大な量になると、はっきりしたパターンが浮かび上がってきた。データが最初に示したのは、どの大陸も磁極を基準にして時間とともにその位置が変化していたことだった。もし年代がごく新しい岩石の帯磁方向を測定したら、すべて現在の磁北を指すはずだ。しかしある大陸で、より古い

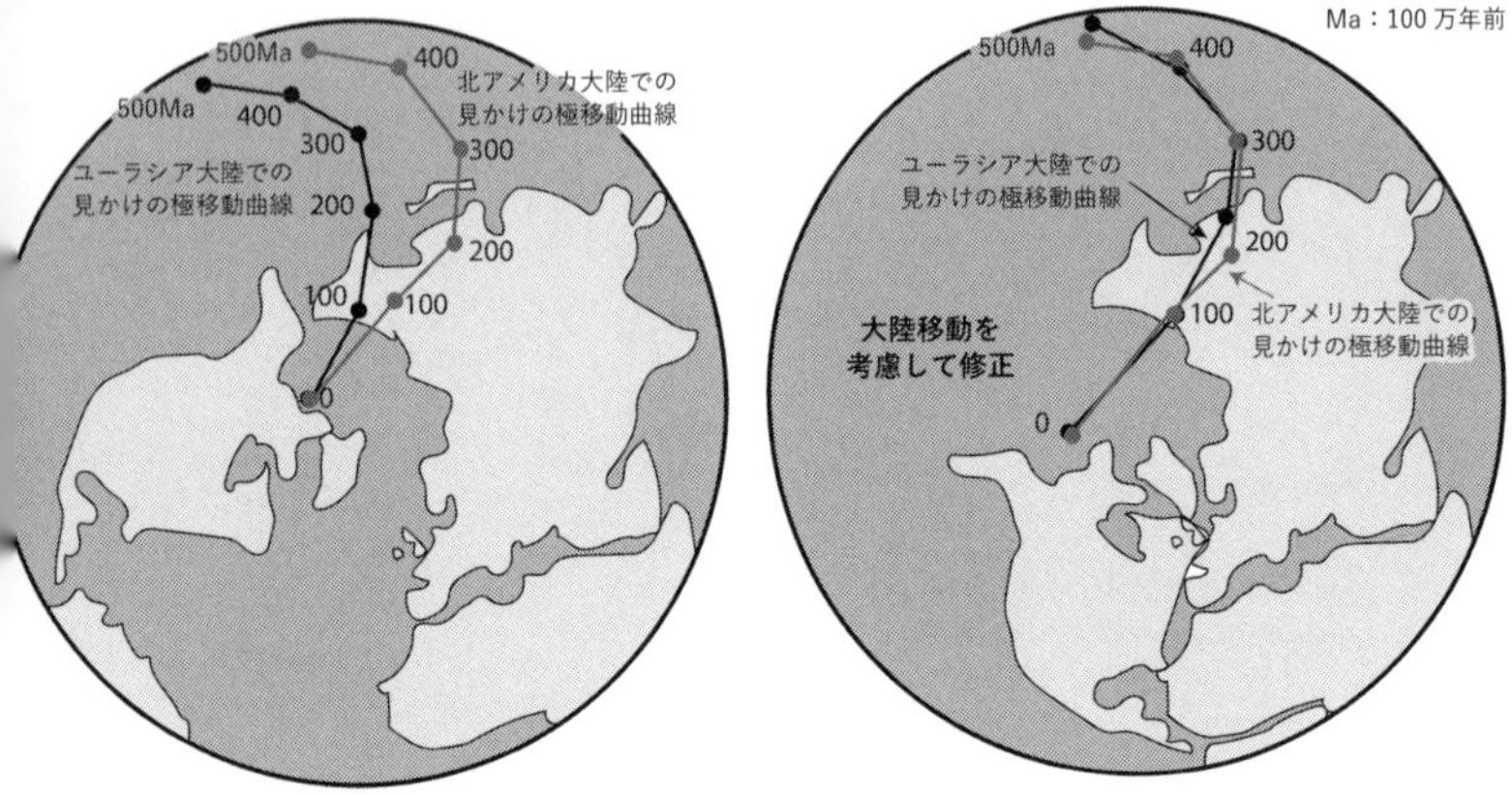

▲図 21.2　大陸の位置を固定して地図上に表示した見かけの極移動曲線
大陸を移動させると、曲線は見事に一致する

時代の岩石へとどんどん遡っていくと、それらの岩石が記録する過去の磁北の位置が現在の磁北からどんどん遠ざかっていったのだ。あるひとつの大陸を例にすると、岩石の帯磁方向を使って大陸に対する磁北の移動を示す曲線を描くことができる。これが「極移動曲線」といわれるものだ。

　しかし二つ目の大陸を使って同じように極移動曲線を描いてみたところ、面倒な問題が生じた（図21・2）。繰り返しになるが、最も新しい岩石の帯磁方向は現在の磁北に近く、古い岩石ほど現在の磁北からずっと離れた磁北の方向を示す。すべてのデータから曲線を描いてみると第二の極移動曲線が得られ、ひとつ目の大陸の極移動曲線とは一致しなかった。第三の大陸のデータを使って試みても同じ問題が起きたことだろう。最も新しい岩石は現在の磁北に一致したが、より古い岩石は別の大陸から得られたものには合致しない極移動曲線を描き出したのだ。

　ジレンマが生じた。もし大陸が移動しなかったと仮定すると（一九五〇年代ではほとんどの地質学者はまだそう信じていた）、それぞれの大陸からは明らかに異なる極移動曲線が得られるのに、それらの極移動曲線が同一地点——つまり現在の磁北で終わるのは不可解なことだった。これは地質時代、地球にはたくさんの違う磁極があって、それらは偶然にも現在の磁北に収束したことを意味することになる。

しかし、もし大陸が移動していたとしたらどうだろうか？　大陸を回転〔訳註：プレートは地球（ほぼ球として）表面を円運動するので、プレート運動は地球表面上での回転運動〕させて過去に存在していたもとの位置まで戻してみると、大陸ごとに違っていた「極移動曲線」は見事に一致する。言い換えると、地質時代、磁北は地球の自転極から大きくは移動していなかったのだ——しかしそのときの磁極に対する帯磁方向を記録している地質時代の岩石はその磁極に対して移動した結果、「見かけの極移動曲線」を描いたのだ。

その多くは一九五〇年代半ばに公表され、大陸移動説の強力な証拠になった。しかし地質学者の主流派は大陸が固定されているという伝統的な前提を捨て去る心構えができていなかった。ほとんどの地質学者は古地磁気学の分野がまだ新しく、そして古地磁気学のデータにはたくさんの落とし穴があったので（当時にはわかっていたこともわかっていなかったことも両方あった）、本当に大陸が移動したことを示しているかどうかについて結論を下すことができなかった。そのため、こうした研究を知っていた地質学者は単に「成り行きを見守る」姿勢をとった。

謎その3・地球磁場がひっくり返った！

時間の経過に伴う地球磁場の見かけの移動に加えて、過去の岩石のもうひとつの驚くべき地磁気的性質の特徴が明らかにされた。帯磁方向がときどき逆を向いてしまうのだ。例えば、今日は磁気コンパスの針が北を指すが、八〇万年前にはコンパスの北を指す針が南を指していたといったことが起きていた。別の言い方をすると、数千年から数百万年ごとに磁場が逆転し、磁北から磁南に向かう磁力線の方向が変化し、地球は異なった磁化方向をもつということだ。岩石の帯磁方向が現在の磁北に一致する場合は便宜的に「正帯磁」とよばれ、磁南を指す場合は「逆帯磁」といわれる。

一七七〇年代、その研究が火成論の裏づけに大きく貢献したフランスのオーヴェルニュ地方の火山（上巻第5章参照）と同じ火山での研究で、フランスの物理学者ベナール・ブリュンヌによって一九〇五年に逆帯磁した岩石が初めて発見された。しかしこれは他から孤立した研究結果でしかなかったし、誰も逆帯磁の原因がわからなかった。日本の地球物理学者、松山基範が日本と中国東北部から一〇〇個以上の玄武岩試料を採集し、それらの試料が現在の磁北方向または一八〇度反対方向の帯磁（逆帯磁）の二つの帯磁方向しか示さないことを明らかにした一九二九年まで研究は前進していなかった。また松山は時系列に従ってその試料を並べたところ、逆帯磁の試料はほぼ同じ時代であって、別の時代ではすべての試料が正帯磁だということがわかった。一九三三年、スイスの地球物理学者で、北極探検家でもあったポール・メルカントンも、逆帯磁した火山岩とその貫入で熱変成した粘土層を記載し、それらが正帯磁と逆帯磁の両方を示し、ウェゲナーの新しい大陸移動説の検証に何らかの形で有効かもしれないと主張した。

しかし、地球物理学者が極移動仮説など別の問題に集中していた次の二五年間、逆帯磁した岩石の特異性は無視されていた。問題の一部は、日本の榛名《はるな》デイサイトという誤解を招きがちな特異な岩石の性質にあった。一九五一年に測定されると、榛名デイサイトは最初の測定ではある一方向の帯磁方向を示すが、次にその試料を加熱すると帯磁方向が変わり、さらに測定するたびに帯磁方向が変わる自己反転〔訳註：外部磁場の逆向きに帯磁する性質〕という奇妙な性質を示したのだ。岩石が生成したときに獲得した初生的帯磁方向かどうかはっきりしなかったので、この奇妙な岩石が逆帯磁しているという意見に多くの研究者たちは警戒心をもってしまった。つまり、岩石の帯磁方向はすべて榛名デイサイトのように挙動する可能性があるのだ。この不都合な結果によって問題を追求しようという古地磁気学者の意欲は数年間にわたってそがれてしまった。

その後、一九五〇年代後半〜一九六〇年代前半に三人の研究者たちが大規模な地磁気逆転の問題に挑もうと決心した。スタンフォード大学の二人の古地磁気学者アラン・コックスとリチャード・ドール、そしてカリウム－アルゴン年代測定法の精度向上の先駆者であったカリフォルニア大学バークレー校の若い地球化学者、G・ブレント・ダルリンプルの三人だ（図21・3）。ダルリンプルはバークレー校で博士号を取得したすぐあと、スタンフォード大学のすぐ近くにあるメンロパークのアメリカ地質調査所に職を得た（ダルリンプルは、私が二七年間教えた小さなオクシデンタル大学の卒業生だったので、私は彼を見知っている）。

▲図 21.3　アラン・コックス（写真左、着席している人物）、リチャード・ドール（中央、立っている人物）とG・ブレント・ダルリンプル（右）
1965年、アメリカ地質調査所磁力実験室で。当時彼らは地磁気極性年代スケールの作成を急いでいるところだった

コックス、ドール、ダルリンプルの三人は逆帯磁した岩石に対する二つの仮説を検証することを追求していた。古期岩石の逆転した帯磁方向は自己反転した個別の試料の問題なのか、それとも世界中の同じ年代の試料をたくさん分析すれば、それらはいろいろな帯磁方向を示すのか。しかし、地球磁場全体が逆転したというとんでもない仮説が本当だったら、世界中の同じ年代の岩石はすべて同じ正帯磁または逆帯磁を示すはずだ。

コックス、ドール、ダルリンプルの三人は世界中で試料採集を続け、可能な限りたくさんの種類の岩石を露頭で採集した。これらの多くはカリウム－アルゴン法で年代が測定できるだけでなく、磁化の程度が強く、また安定している傾向もある新しい時代の溶岩流だ。

次の一〇年間で、数百の溶岩ユニットと数千個の試料をダルリンプルがカリウム－アルゴン法で年代を測定し、コックスとドールが古地磁気測定を行った。一九六〇年代の初期になると、彼らにはパターンが見え始めた（図21・4A）。地球上で最も新しい岩石（生成年代が七八万年より新しい）はすべて正帯磁だった。しかしもっと古い年代の試料をさらに検討すると、正帯磁と逆帯磁の一定の変化パターンが明らかになってきた。長い逆帯磁の期間に挟まれた短期間の正帯磁イベントが少数あったが、七八万～二五〇万年前の岩石では大部分が逆帯磁していた。二五〇万～三四〇万年前の岩石はほとんどが正の方向に帯磁していたし、三四〇万～約五〇〇万年前では正帯磁と逆帯磁がまじっていた。

これらの結果は地球磁場の変動の明らかな世界的なシグナルのようで、どこから産出したのかには関係なく、測定さえ適切であればどんな岩石にもみられた。さらにこれは榛名デイサイトのような変な岩石が個別に引き起こした問題ではなかった。

彼らの研究は一九六〇年代にも続けられ、過去一〇〇〇万年間における長短さまざまの長さの帯磁イベントが明らかになっている。彼らの研究の進展は、同じ問題に挑戦し、できるだけたくさんの岩石を採集して分析しようとしていたキャンベラのオーストラリア国立大学のイアン・マクドゥーガル（地質年代学者）、ドン・ターリングとフランソワ・チャマローン（古地磁気学者）との友好的な競争関係の下で拍車がかかった。一九六〇年代の後半、この二つの研究室は、現在地磁気極性年代スケールとして知られているものを確立した（図21・4B）。岩石中で帯磁方向の変化パターンを発見できれば、過去の地磁気逆転の歴史に対照させることによって高精度でその年代がわかるのだ。

これはコックス、ドール、ランコーンが地質学と地球物理学の最高の名誉であるヴェトレセン賞を受

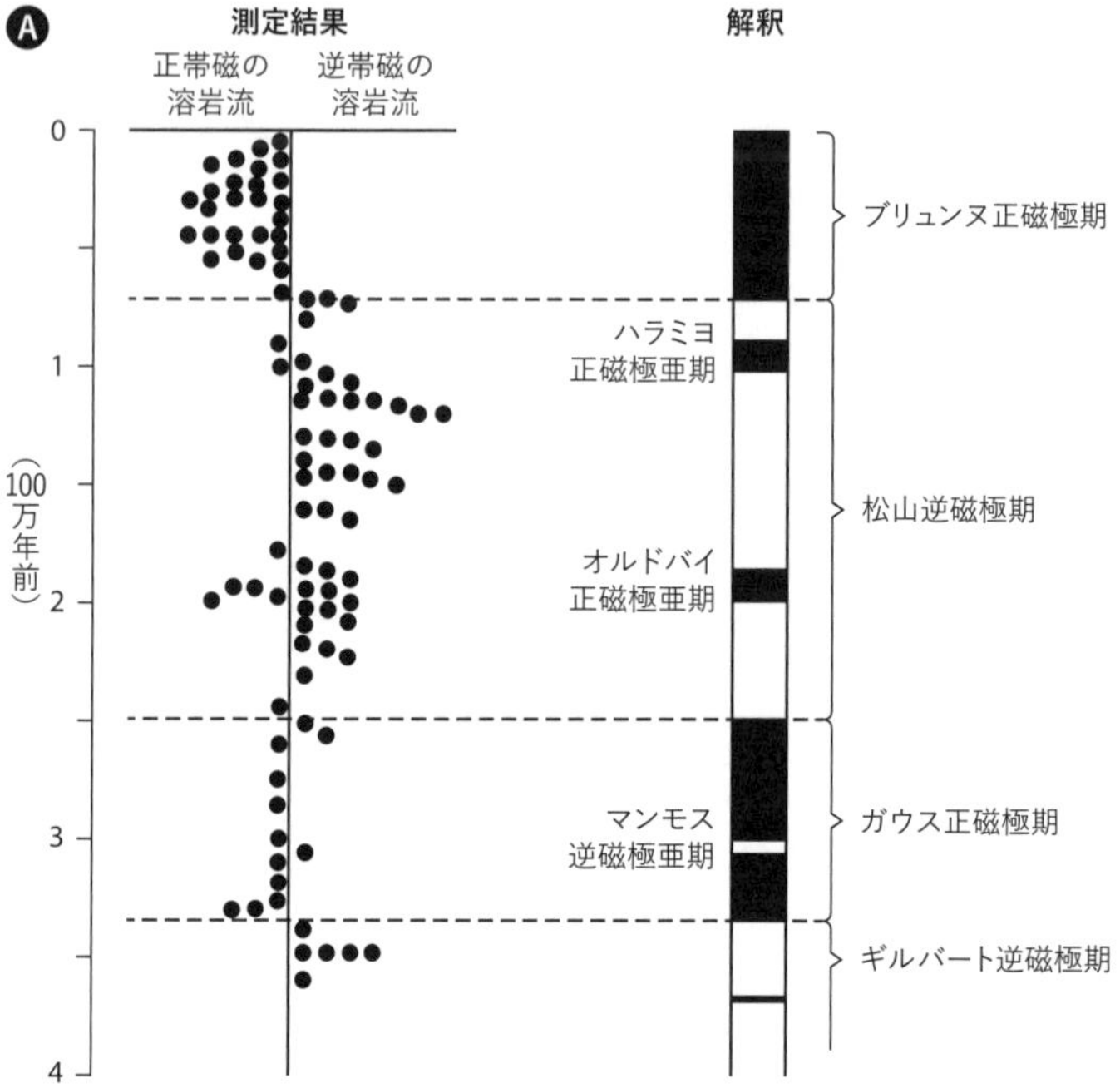

賞した地質学の大進展だった。その成果は、陸上の堆積物と深海コアに記録された地球磁場の反転を用いるまったく新しい研究分野の登場につながり、高精度で年代を決定する新しい手法をもたらした(私が助成金の提供を受けた研究の大半は、地磁気極性の編年の手法を用いていた)。

しかし、コックス、ドール、ダルリンプルは、彼らのデータが海洋底拡大とプレートテクトニクスの謎を解き明かすとは考えてもいなかった。

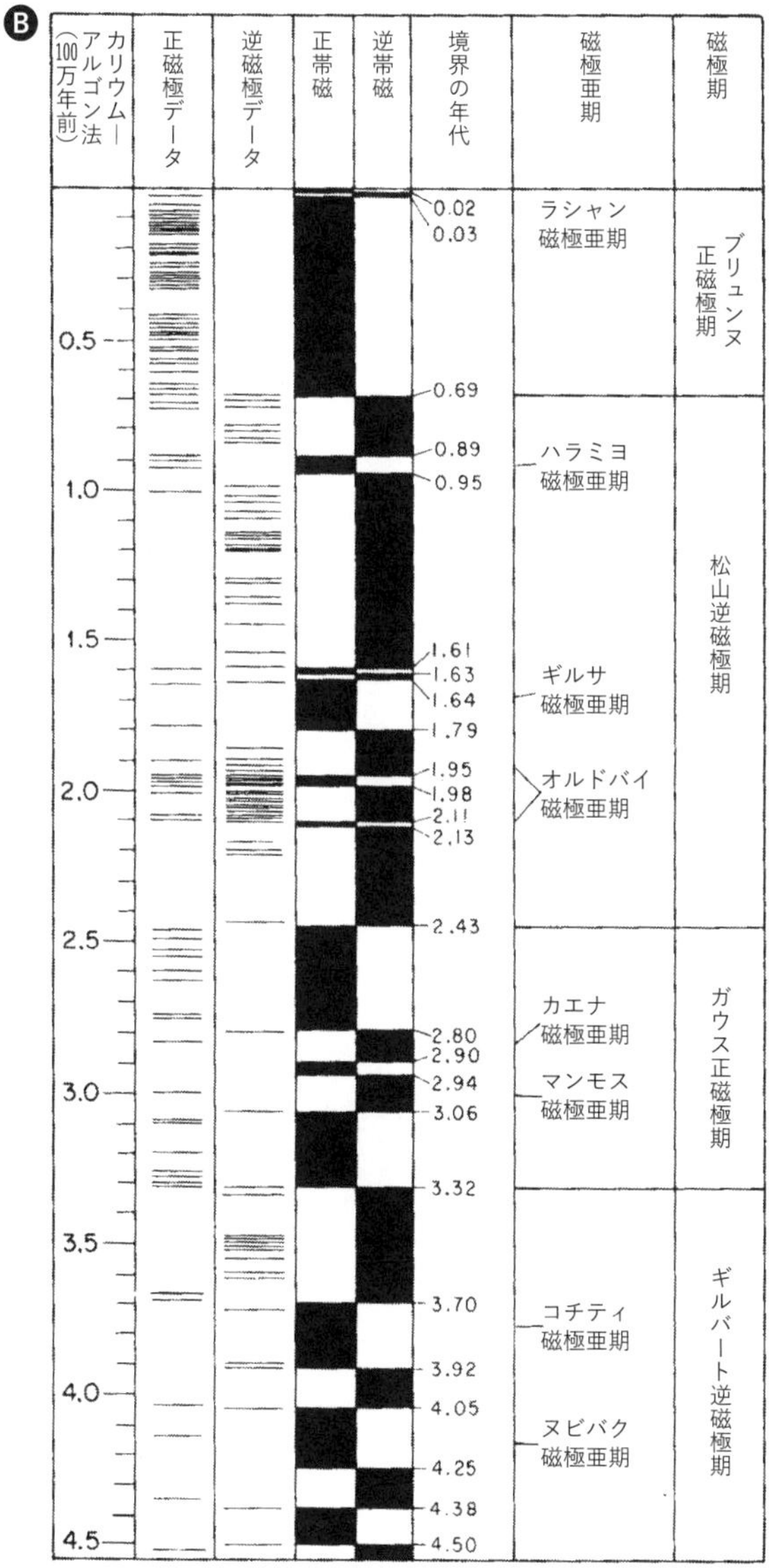

◀▶図 21.4
地磁気極性の編年
A：同一年代であればすべて同一の極性（正帯磁または逆帯磁）をもつ、年代決定された溶岩流を使った初期の地磁気年代スケール
B：アメリカ地質調査所のコックス、ドール、ダルリンプルと、オーストラリア国立大学のイアン・マクドゥーガル、ドン・ターリング、フランソワ・チャマローンによって1960年代に明らかにされた過去450万年間の地磁気極性の編年

謎その4・海洋底の縞模様

第二次世界大戦後、海洋地質学が進展し始めた直後は、何を発見できるのか、データが何を意味しているかなどわからないまま、研究者ができるだけたくさんのさまざまなデータを集めることが日常的に行われた。スクリプス、ラモント・ドハティ、ウッズホールの各研究所から全世界の海に向けて出航するどの調査船も、海底の水深、海底堆積物の性質、さまざまな水深での海水の温度、塩分濃度、地球化学的性質などのデータを定期的に収集した。また可能な場合はいつでも、数百万年の海洋の歴史を遡ることができる堆積物のコア試料を回収するために、ピストンコアラーといわれる金属製の長いチューブが海底堆積物に投下された。また船上にはプロトン磁力計といわれる長い魚雷型の機器が備えられていた。船舶の鋼鉄製の船体は磁性が強いことに注目し、これはもともと第二次世界大戦中に潜水艦を探知する目的で開発されたものだった。戦争が終わると、海洋研究施設の多くは、余剰になった艦船や磁力計を海洋地質学研究のために引き継いだ。プロトン磁力計は日常的に調査船の船尾で牽引され、それらが感知した磁場がどんなものであれ連続的な記録がとられた。

一九四〇年代後半から一九五〇年代初頭には、膨大な量の海底地磁気データが海底から収集されていた。古いコンピューター・ファイルからデータが変換され、分析され、プロットされると、結果はランダムノイズ〔訳註：処理対象となる情報以外の不必要な情報のこと〕のようには見えなかったが、奇妙なパターンを示した。データを地図上にプロットすると、データの各点は調査船が航行中に捉えた海底の帯磁強

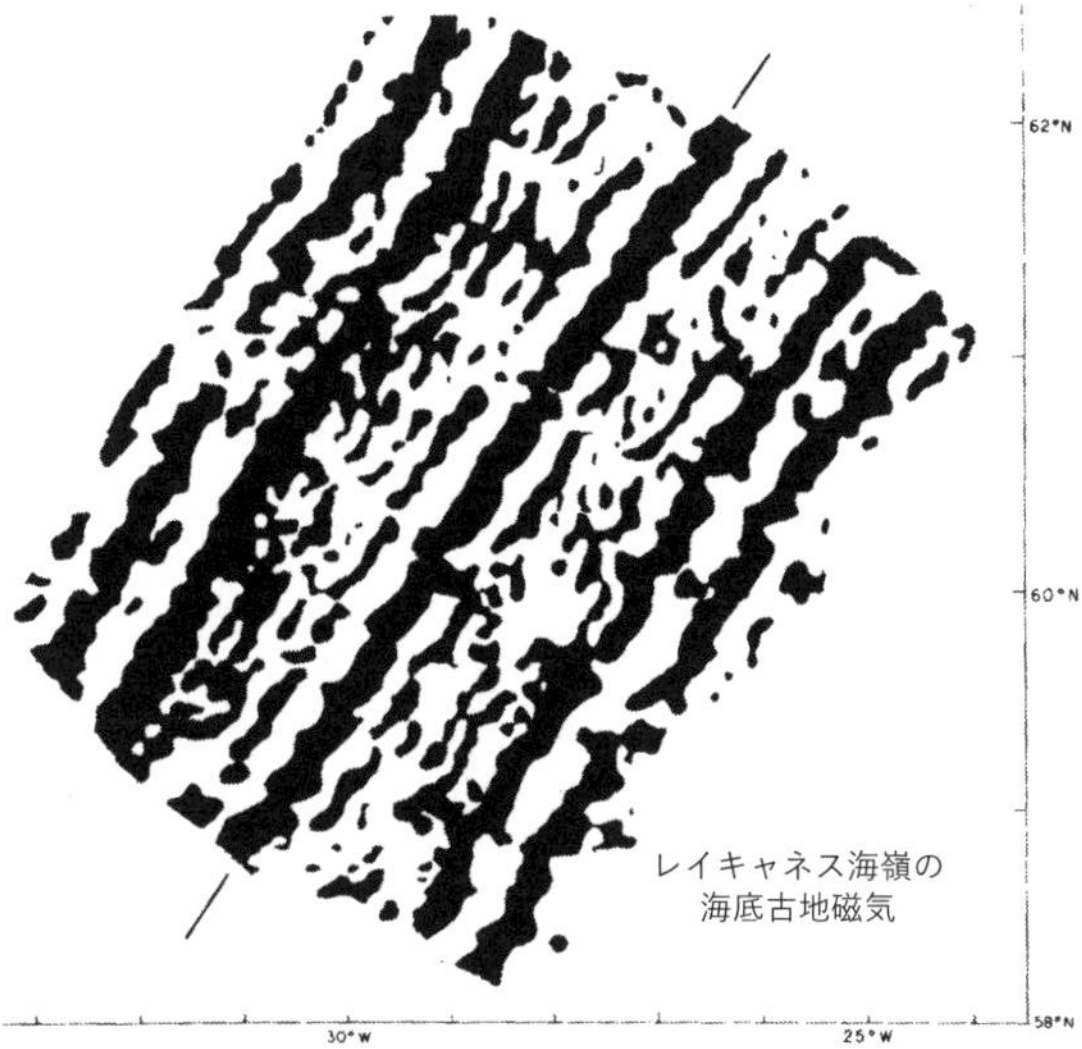

▲図 21.5　海底地磁気の帯磁パターン
この図はアイスランド島の南の大西洋中央海嶺にあるレイキャネス海嶺で測定された最初のもので、正帯磁部（黒い部分）と逆帯磁部（白い部分）の帯が船上磁力計が測定したもともとの正・逆の帯磁方向に対応している

度の差による巨大な「縞模様」を描き出した（図21・5）。日常的に感じる磁場のバックグラウンド値（一般に測定対象以外のあらゆる原因による測定値）とは測定値が異常に違っていたので、これらの「縞模様」は正式には磁気異常とよばれていた。ある場合には、地球の平均的な磁場のバックグラウンド値よりも強い測定値をもった正の磁気異常〔訳註：強く磁化された磁性体が存在することで、局所的に磁性体周囲の磁場が標準磁場からずれる異常〕が見つかることもあった。別の場合には、磁力計で検出できる平均的な磁場のバックグラウンド値よりも弱い負の磁気異常もあった。

　地質学者はなぜこの縞模様が形成

されているのかわからなかった。種類が違う岩石が帯状に交互しているのか？　磁性が強い岩石と弱い岩石の交互層なのか？　一九五〇年代後半、スクリプス海洋研究所の地球物理学者、R・G・メイソンとA・D・ラフはアラスカ州、ブリティッシュ・コロンビア州、ワシントン州、オレゴン州沖の太平洋の海底のデータを地図にプロットしたが、パターンは複雑でややこしいものだった。この平行な地磁気の縞模様の成因が何であるかは明らかではなかった。

その頃、ケンブリッジ大学の地質学者と地球物理学者の大きなグループが、物理学者のエドワード・ブラードの指導の下で同様の問題に取り組んでいた。一九六一年、ドラモンド・マシューズ（図21・6A）は大西洋中央海嶺からドレッジされた試料にもとづいて博士研究を終えた。彼の研究結果は、大西洋中央海嶺全体が見かけの似た玄武岩質溶岩流でできていて、地磁気の縞模様を説明する可能性があった岩石の種類にはまったく違いがなかったことを明らかにしたものだった。

一九六二年、もう一人の若い学生、フレデリック・ヴァインは海洋調査船に乗船してマシューズと共同で研究を始めた。試料を採集するだけではなく、同じ地域の海底から得られた大量の地磁気データの検討も行ったのだ。最初、ヴァインは、インド洋のカールスバーグ海嶺からマシューズが持ち帰ったデータに取り組んでいたが、一九六二年、マシューズとともにマシューズがかつて岩石試料を採集したアイスランド島の南の大西洋中央海嶺の既存の地磁気データの検討を開始した（図21・5）。ケンブリッジ大学の古い厩舎だった場所で下宿を共有までして彼らは互いに密接に連携して作業を進めた。

ヴァインとマシューズはプリンストン大学のもう一人の地質学者、ハリー・H・ヘス（図21・6B）の地球観に刺激を受けた。ヘスは、一九三一年、フロリダとキューバからカリブ海東部までの海底重力を

▲**図 21.6**　プレートテクトニクスの先駆者たち
A：ケンブリッジ大学でのフレデリック・ヴァイン（左）とドラモンド・マシューズ（右）。1963 年、彼らは海洋底拡大の確証を発見した
B：海洋底拡大説を解説しているハリー・ヘス

測定するアメリカ海軍の潜水艦に乗船していた科学者だった。また第二次世界大戦中、ヘスは太平洋を何度も往復したアメリカ海軍の上陸用輸送船ケープ・ジョンソン号の船長でもあった。船長として彼はつねに昼夜を分かたず音響測深機を作動させ続けて、航路下の海底に関するデータを連続的に収集していた。ヘスは、その過程で深海底からそびえ立つ巨大な海山などの海底の重要な地形を数多く発見した最初の人物だった。これらの海山には頂部が平たくなったものもあった。発見者としてヘスはこれらを命名する権利を与えられ、プリンストン大学地質学教室（今もギヨー・ホールに設置されている）を創設したスイス人地質学者、アーノルド・ギヨーにちなんでこのような海山を「ギヨー」と名づけた。

大戦後、ヘスはしばらく海軍予備役に残り、プリンストン大学での教育にかかわる仕事を再開して海軍少将に昇進した。彼は多くの海洋研究所からの過去一〇年にわたるデータすべてを収集し始めた。海軍での仕事から、海山がおそらく一度は海面上で噴火し、その後、時間の経過とともに徐々に深く沈降していった火山だということがヘスにはわかっていた。重力についての研究から、ヘスは深い海溝（第22章参照）での奇妙な重力のパターンも知っていた。ラモント・ドハティ地質研究所の友人たちから、ブルース・ヒーゼンとマリー・サープが、中軸部に大規模なリフトバレーをもち、延々と続く長大な大西洋中央海嶺の地形図を作成したことをヘスは聞いていた。それは海底が海嶺の中軸部で引き離されていることの証明だった（第22章参照）。ヘスは地殻を押し動かすマントル内の巨大な対流についてのアーサー・ホームズの仮説にも詳しかった（上巻第8章参照）。

あらゆることを総合して、一九六二年にヘスは、中央海嶺での海洋底拡大から、中央海嶺から遠ざかるにつれて進行していく緩やかな沈降まで、現在のプレートテクトニクスのほとんどすべての要素を盛りこんだ影響力の大きい論文を発表した。彼はまた、移動していくプレートの前縁（「沈み込み帯」とはまだ呼ばれていなかった）で海洋底が海溝に下降することも認めていた。しかし海洋底が実際に拡大し、互いに逆向きに動く一対の向かい合ったベルトコンベアのように移動していることを主張できる確固としたデータはまだなかった。証拠がなかったので、大胆な主張を弱めて、内容は事実よりも推論によるところが大きいものだとして、ヘスはこの論文を「地球詩のエッセー Exercise in geopoetry」とよんだ。

海底のロゼッタストーン

「ロゼッタストーン」という言葉を聞くと、ほとんどの人は広く宣伝されている言語学習プログラムを思い浮かべるだろう。本当のロゼッタストーンは、一七九九年にナポレオンのエジプト遠征のときにある兵士がナイルデルタで発見した黒いカコウ閃緑《せんりょく》岩の大きな石碑だ（図21・7）。一八〇一年、イギリスはナポレオンを破ってロゼッタストーンを奪取し、一八〇二年以降、それは大英博物館に展示されている。博物館で最も有名なこの展示物の前で見物客が人だかりをつくるので、ロゼッタストーンを観覧するのは難しいことが多い。

ロゼッタストーンは同一の碑文が三種類の違う言語で書かれていることでたいへん有名だ。最上段はエジプトの象形文字、中段は古代エジプトの民衆文字（エジプト語の筆記体）、下段は古典ギリシャ文字（私を含めて多くの研究者が読むことができる）。それまでは象形文字を誰も翻訳できなかったし、

▲**図 21.7**　エジプトのアレクサンドリア近郊で発見された黒いカコウ閃緑岩でできた石碑、ロゼッタストーン
石碑には、碑文が象形文字（上）、民衆文字（中）、ギリシャ文字（下）で書かれた3つの異なる訳文がある。これは象形文字を解読する手がかりを研究者に提供し、それが次にエジプトの古代史を理解する糸口となった

ほとんどのエジプト語の文書（したがってエジプトの歴史）は謎のままだった。しかし、すでにわかっている言語（ギリシャ文字）と未知の言語（象形文字）で書かれた同一の碑文は研究者たちが未知の言語を解読する手がかりになった。ロゼッタストーンはついに一八二二年、フランスの考古学者、ジャン＝フランソワ・シャンポリオンによって解読された。解読を終えたとき、彼は象形文字、さらには古代エジプトの歴史を解明する鍵を見つけた。今日ではロゼッタストーンという言葉は大きな謎を解き明かしたり、新しい知識の分野を切り拓いたりするための鍵となるあらゆる発見の比喩なのだ。

一九六三年に戻って、ヴァインとマシューズが大西洋中央海嶺の地磁気データを精力的に見直しながら、一九六二年のヘスの論文を読んでいたことを思い出してほしい。彼らは大西洋中央海嶺中軸部がつねに海底噴出したたいへん新しい溶岩でできていることを知っていた。二人は詳しく検討し、海嶺の中軸部は現在噴火中の溶岩のようにいつも正帯磁しているが、その両側に逆帯磁の磁気異常の対称的な帯状部があることに気づいた（図21・5、図21・8）。事実、海嶺の片側の地磁気の縞模様を描いたところ、それは反対側の縞模様の鏡像だった。そこでヴァインとマシューズは、最近四五〇万年間の地球磁場の変動の歴史を描いたコックス、ドール、ダルリンプルが公表した最新の論文を思い出した（図21・4B）。そして二人は素晴らしい着想を得た。もし海嶺中軸部での強い正の磁気異常が正の磁場で帯磁した岩石によるものだとすると、その正の磁場はすべての地磁気信号（帯磁方向）を現在の磁場と同じものにしてしまい、加えて、平均的なものよりも強い磁化値を与えるだろうか？　そして、対称的な負の磁気異常は、地球磁場自身が逆転していたときに逆帯磁した海洋底によるものだろうか？　そのときの海洋底玄武岩の逆帯磁方向は、磁力計で感知されたバックグラウンドの磁場を部分的に消去し、平均よりも弱

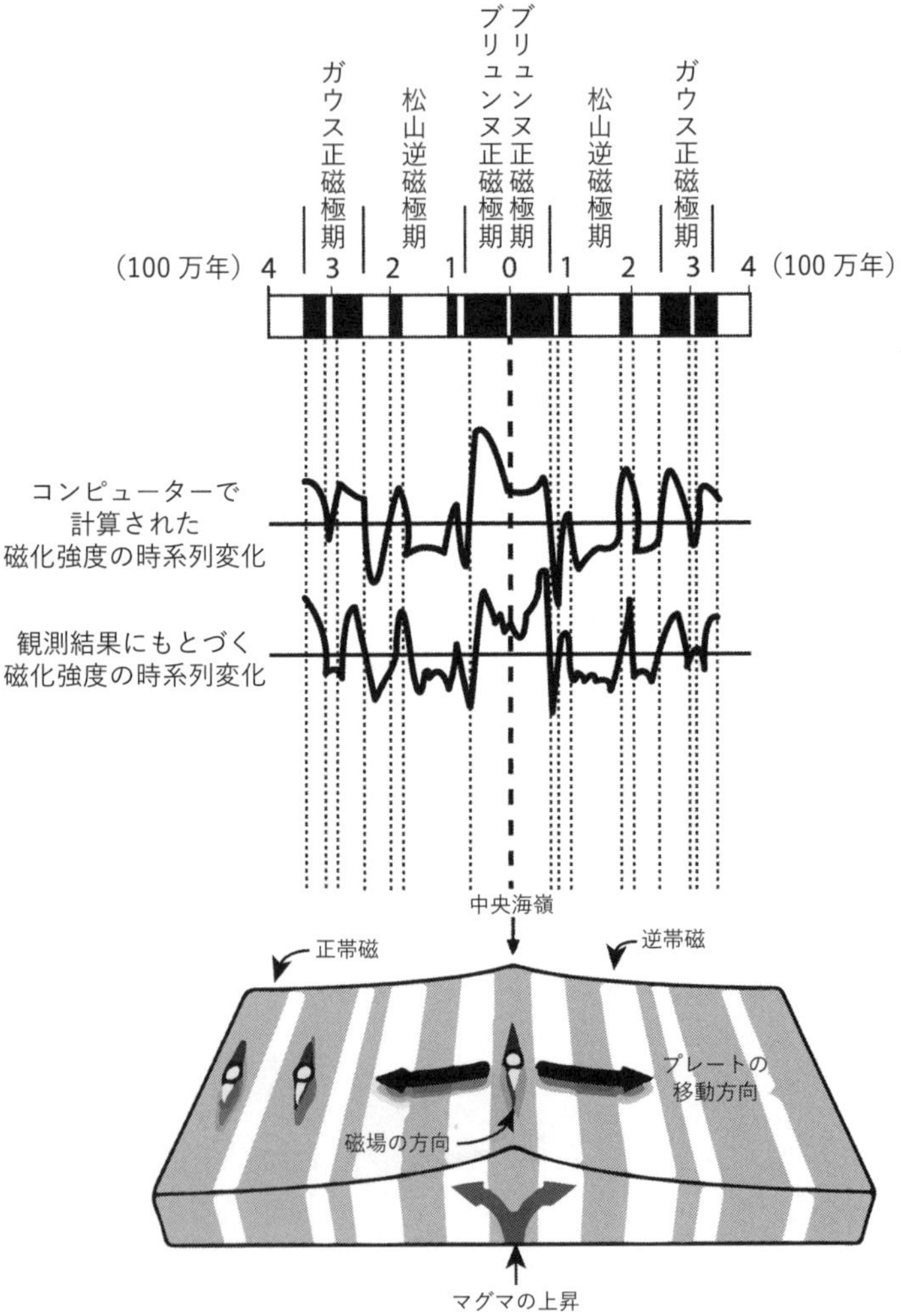

▲図 21.8　中央海嶺上の対称的な帯磁パターンの解釈（船上磁力計で記録される磁化強度異常の変動：上図）は、磁気異常の縞模様が海洋底の拡大（下図）によるものであり、縞模様が中央海嶺で火山が噴火したときの地磁気極性を記録し、その後ベルトコンベアのように受動的に側方移動することを表している

い磁力測定値、あるいは負の磁化異常値をもたらすだろうか。

わかった！　すべてうまく説明できた。

海底で噴出した溶岩、海嶺中軸部のリフトバレー、正と逆の方向に帯磁した海洋底玄武岩の対称的な帯状分布を反映している地磁気縞模様の対称的なパターン――すべてがヘスの海洋底拡大説にうまく合致する。中央海嶺が引き離されるにつれて、リフトバレーの割れ目で溶岩が噴出して新しい海洋底が絶えず生産されつつある（図21・5、図21・8）。海洋底の溶岩が冷却されると、溶岩は噴出時の地球磁場の方向に帯磁方向が固定される。その後、それらは両側に引き離されるが、磁場が逆転していれば中軸部では逆向きに帯磁した新しい海洋地殻が形成されるのだ。一方、古い海洋地殻は一対のベルトコンベアのように中央海嶺から遠ざかる。昔の磁気式記録テープのリールのように、コンベアの「ベルト」は録音ヘッドから記録を書きこみながら、急変する正と逆の帯磁方向を記録してきた。

一九六三年にヴァインとマシューズは彼らの仮説を記述し、歴史的な論文でそれを公表して、プレートテクトニクス革命が始まった（運命のいたずらか、カナダの地球物理学者、ローレンス・モーリーも同時に同じ仮説に到達したが、彼が投稿した学術誌はその仮説を却下してしまった。ほとんどの人びとはモーリーの名前を知らないが、地質学史の研究者は「ヴァイン－マシューズ－モーリーの仮説」とよんでいる）。この地磁気異常と海洋底拡大の解釈は、コックス、ドール、ダルリンプルが陸上の溶岩を採集することによって、地球磁場の変動を独自に記述してきた幸運な偶然がなければ生まれることはなかっただろう。地磁気年代スケールは海洋底拡大の謎を解いたロゼッタストーンだった。このときから、プレートテクトニクスという科学革命は地球科学を席巻し、永久に変革した。

第22章

青色片岩
沈み込み帯の謎

フランシスカン・メランジュは起源が多岐にわたる岩石を含んでいて、それは文字通り太平洋全体、いや地球表面の半分にも及ぶ地域から集められた岩石の集合物だ。化石と古地磁気が示すように、大陸に由来する堆積物（砂岩など）と、あちこちに分散した海洋に由来する岩石（チャート、グレイワッケ、蛇紋岩、ハンレイ岩、枕状溶岩その他の火山岩類）が基質の粘土岩中に無秩序に集合している。沈み込み帯でプレートに挟まれて、これらの岩石の多くは深さ約二〇～三〇キロメートルの地下にもちこまれ、青色片岩《せいしょくへんがん》として地表に吐き出されてきたのだ。この緻密で重い、青灰色の岩石はどこで発見されようとも沈み込み帯の特徴があり、ザクロ石を伴っている。

――ジョン・マクフィー『カリフォルニアを組み立てる』

謎その1・海底への旅

私の世代までは科学での最大の未解決の問題のひとつは海底の地形だった。海底は地球表面積の七一パーセントを占めているが、一九五〇年代まではほとんど何もわかっていなかった。この状況は地質学者、マリー・サープと彼女のパートナーのブルース・ヒーゼン（図22・1）が、一九四〇年代後半からラモント・ドハティ地質研究所（現・ラモント・ドハティ地球観測所）の調査船によって収集された音響測深機のすべてのデータを編集し、地図上に水深断面図を描き始めたときに変わった。一九五〇年代以前には女性の乗船が認められていなかったので、海洋学的なデータの収集はヒーゼンの仕事だった。しかしサープは自身が分担した任務を全うした。彼女は数学、地質学、製図学やその他の科学を専門分野とし、大学の学位をいくつかもっていたので、ラモント・ドハティ地質研究所の秘書の任務に戻ることを拒否した。それどころか彼女は精力的に研究し、精密音響測深機（ＰＤＲ）がつくり出した帯状記録紙の膨大な水深データすべてを地形断面に変換し、さらに地質学の知識を駆使して隙間を埋めて、完全な海底地形図を作成した。

一九五〇年代初頭までに彼女はヒーゼンのデータを地図上にプロットして、大西洋の完全な海底地形図を初めて完成させ、それは一九五七年に出版された。しかし一九五二～一九五三年に、彼女は海洋の中央部には地球全体に延びる海底山脈が存在し、それらは地球で最も長い山脈だということに最初に気づいたのだった。さらにもっと重要なことは、サープが海嶺中軸部にグランドキャニオンよりも大きな

▲**図22.1**　1960年代初期、海底地形図を指しているブルース・ヒーゼンとマリー・サープ

リフトバレーがあることに気づいていたことだ。彼女は地質学者として、リフトバレーとは、海洋地殻が引き離されていることを意味するとわかっており、海洋底が拡大しつつあると確信していた。

しかしヒーゼンと彼の上司で、ラモント・ドハティ地質研究所を創設し運営したモーリス・〝ドク〟・ユーイングはそれほど確信がもてなかった。彼らは公表された地形図と論文の責任著者であり、彼女の考えは抑えられ、無視された。

数年後、ハリー・ヘス、フレデリック・ヴァインとドラモンド・マシューズ（第21章参照）などの人びとがすべての知見を総合して、海洋底拡大の発見と確認の名声を得ている。しかしマリー・サープこそがヴァインとマシューズが発表する一〇年前に事実を発見し、海底地形を正しく解釈した最初の人だった。

サープとヒーゼンは海洋底すべての地形図作成を一九六〇年代後半までに終え、それ以後誰もがそれを使って学ぶことになる、象徴的な海洋底の地形図が一九七七年にナショナルジオグラフィックから出版された。私が学校に通っていた頃は海面の下に何があるのかほとんどわかっていなかったので、地球儀と地図は世界の海洋を青一色で示しているにすぎなかった。一九七六年にラモント・ドハティ地質研究所の学生だったときに、私はヒーゼンとサープに会い、そしてヒーゼンが一九七七年に探査艇での海底の地形図作成と写真撮影中に心臓発作で亡くなったという知らせを聞いたとき、研究所の全員が衝撃を受けたことを記憶している。

サープは海底地形図作成を終え、一九八三年にラモント・ドハティ地質研究所を退職し、二〇〇六年に八六歳で亡くなるまで海底地形図の収入で不自由なく過ごした。彼女はそれまでに実行した、あるいは実行しようとした誰よりも広い地球表面の地形図を作成したが、彼女のことを聞いたことがある者や、また彼女が男性優位の科学の世界でいかに時代の先を行った女性だったのかを知る者はほとんどいない。

海洋の大きな謎のひとつはサープの地形図に鮮やかに表れていた。それは海溝といわれる途方もなく深い海域だ。世界中には海溝が約五〇あり、総延長が五万キロメートルに及ぶが、それらは延長に対してたいへん幅が狭く、海底の〇・五パーセントの面積を占めるにすぎない（図22・2）。少数がインドネシアのインド洋側など他の場所にもみられるが、ほとんどの海溝は太平洋の周縁部にある。多くの海溝は約三〇〇〇～四〇〇〇メートルの深さだが、マリアナ海溝は水深一万一〇三四メートルで、地球上では最も深い海域だ。実際とても深くて、エベレスト山をその中につき立ててみてもなお水面まで二一八

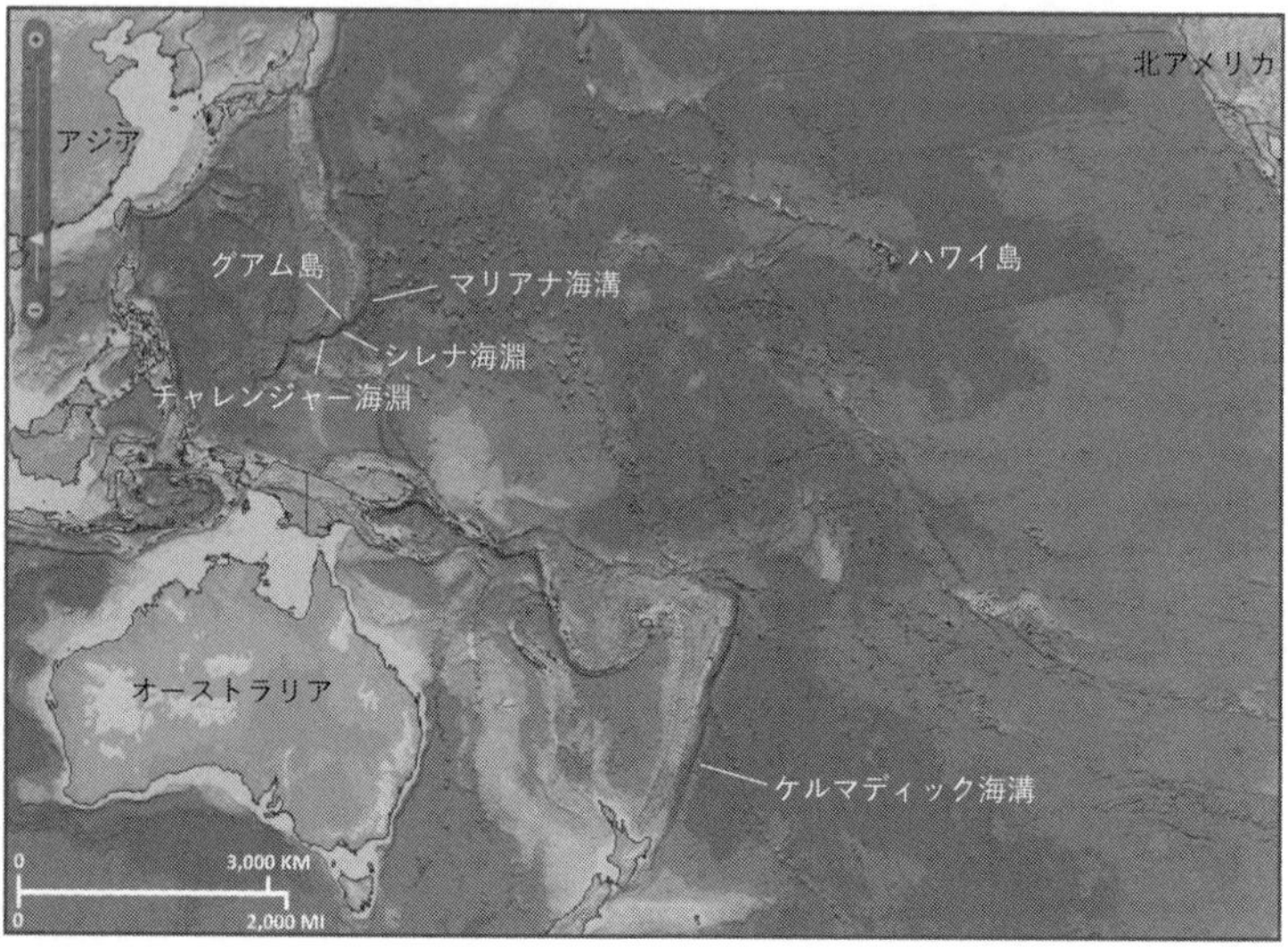

▲図 22.2　太平洋西部の主な海溝を示す地図

六メートルの余裕がある。これらの中でいくつかの海溝は、一八七二〜一八七六年に世界中の海洋を航海して、水深測量と試料のドレッジ採取を行った草分け的な海洋調査船チャレンジャー号によって発見されている。その航海で、チャレンジャー号は現在チャレンジャー海淵《かいえん》とよばれているマリアナ海溝の最深部のひとつを発見したのだ。

そのような深海では、水温は低く、暗黒で、水圧が非常に大きいので、生存できる生物はほとんどおらず、どの潜水艇もその水圧に耐えることはできなかったが、ついに一九六〇年、水圧で押しつぶされることがないように厚い耐圧壁を備えた深海潜水艇トリエステ号（図22・3）がマリアナ海溝の最深部に到達した。海洋最深部の試料を採集し、写真を撮影したのはそれが最初だった。それ以後、特別に設計された多くの有人潜水艇やロボット操

▲図 22.3　マリアナ海溝の底部に到達した最初の潜水船、深海潜水艇トリエステ号

作の潜水装置がチャレンジャー海淵やその他の海溝の底まで潜航している。

最近の潜航のひとつは、ディープシー・チャレンジャー号といわれる特別な潜水艇を操縦した映画監督のジェームズ・キャメロン（映画「タイタニック」「アバター」「ターミネーター」の監督）によるものだ。二〇一二年三月二六日、キャメロンは約三時間かけて水深一万八九八メートルまで潜航し、二時間かけて海面へ浮上するまでの三時間を費やして探査作業を行った。これはこのような海洋最深部への潜航のわずか二例目で、また探査にこれほど長い時間を費やした最初の例で、キャメロンは海洋最深部への有人潜航記録を今でも保持している。

サープとヒーゼンは多くのこのような海溝を記載したが、一九五〇年代にはその起源はまだ謎だった。重要な進展のひとつは、オランダの地球物理学者フェリックス・アンドリエス・べニング・マイネスによって潜水艇で行われた海底重力値の測定だった。一九二三年に開始して一九三九年まで、長さ一・八メートル余りの枠に収められた重力計を小型潜水艇に搭載して、世界各地の海を毎年航海した。やがて第二次世界大戦が始まり、ドイツ軍は中立国だったオランダに侵攻し、ベニング・マイネスは科学研究を中断してオランダのレジスタンスとして戦わなくてはならなかった。

戦後、彼はユトレヒト大学で研究を再開した。一九四八年、彼は、断面図に表した海底重力値についての一〇年余りの研究成果を発表した。最もめざましい成果のひとつは海溝下で重力がたいへん小さいことだった。重力測定の基本原理に従うと、これは海溝下の地殻が予想よりもはるかに密度が小さいことを意味するものであった。対照的に、薄い海洋地殻のすぐ下には高密度のマントルの岩石が存在するため、ほとんどの海域での海底の密度はたいへん高かった。言い換えると、海溝下の深部では、低密度の地殻物質のような何かが高密度のマントル物質の代わりに存在しているに違いなかった。

謎その2・傾いた地震多発帯

戦後の地球科学ブームが進行するにつれ、地震学は飛躍的な発展を遂げた。ソビエトによる核実験監視への協力に対する資金に恵まれ（核爆発には地震計で感知しうる特徴的な衝撃波を伴う）、地震学者は地球を通過してくる地震波を解析するためのますます高度化した方法を開発した。すでに彼らは地震波の挙動を利用しており、マントルと核の構造と深さを把握し、外核が液体でできていると判断してい

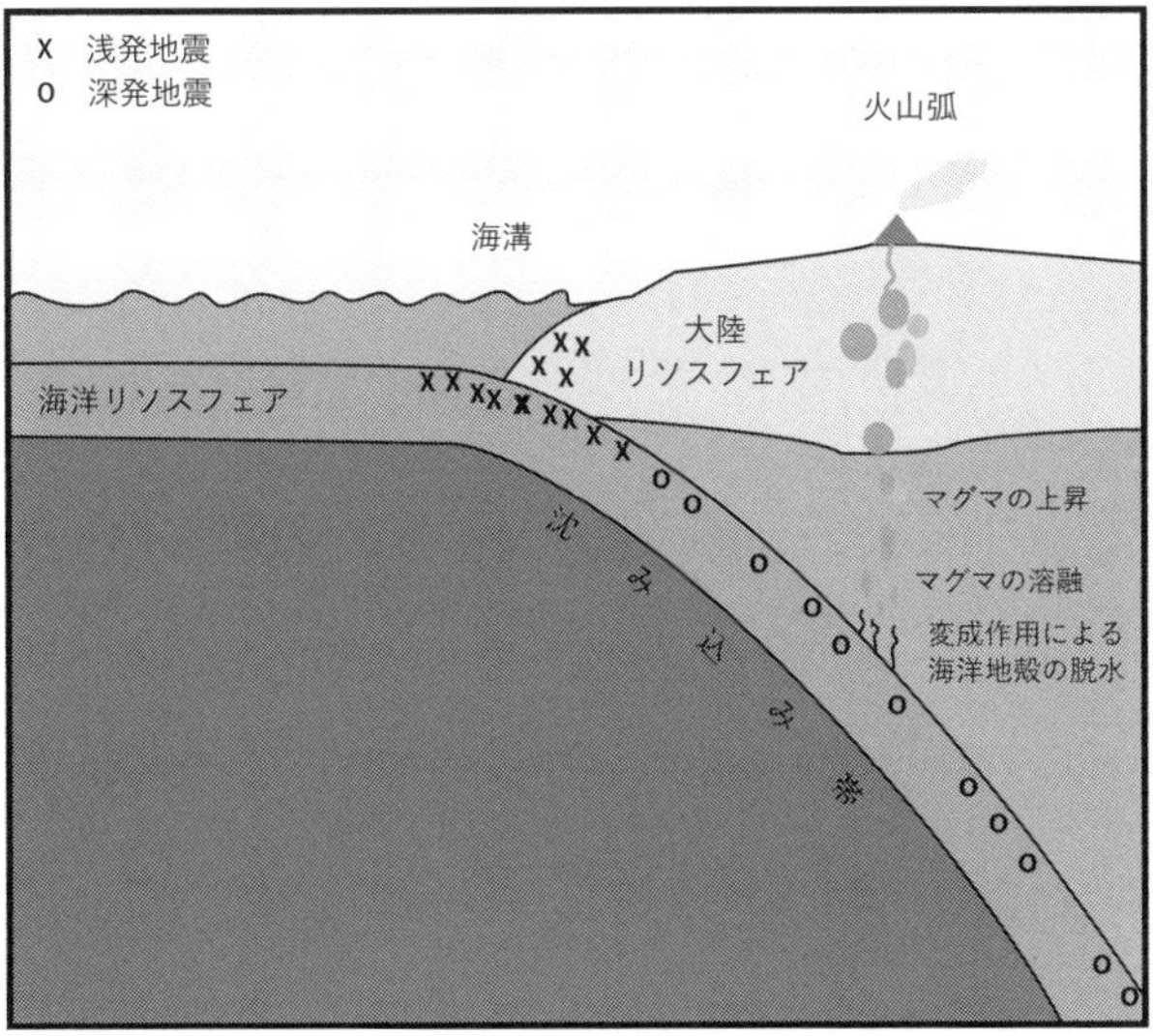

▲図 22.4 和達－ベニオフ帯といわれる、海溝と火山弧の下に向かって傾いた地震多発帯

た。いまや地震学者は地震波がさらに多くのことを語ってくれることに気づいていた。

一九二〇年代後半から一九三〇年代にかけて、互いに独立して研究していたカリフォルニア工科大学の地震学者ヒューゴ・ベニオフと日本の地震学者和達《わだち》清夫が、地震が発生した地下の位置〔訳註：すなわち震源〕の深さを明らかにする手法を揃って開発した。次に彼らは海溝付近で発生する多くの地震の震源をプロットし始めた。驚いたことに、明確なパターンがあったのだ（図22・4）。

浅発地震〔訳註：震源の深さが七〇キロメートルまたは六〇キロメートル未満の地震〕は海溝の直下と大陸の末端で発生していた。しかし、震源が深くなればなるほど、大陸の末端の下と海溝から離れた位置で地震が発生していた。事実、震源が地表から数百キ

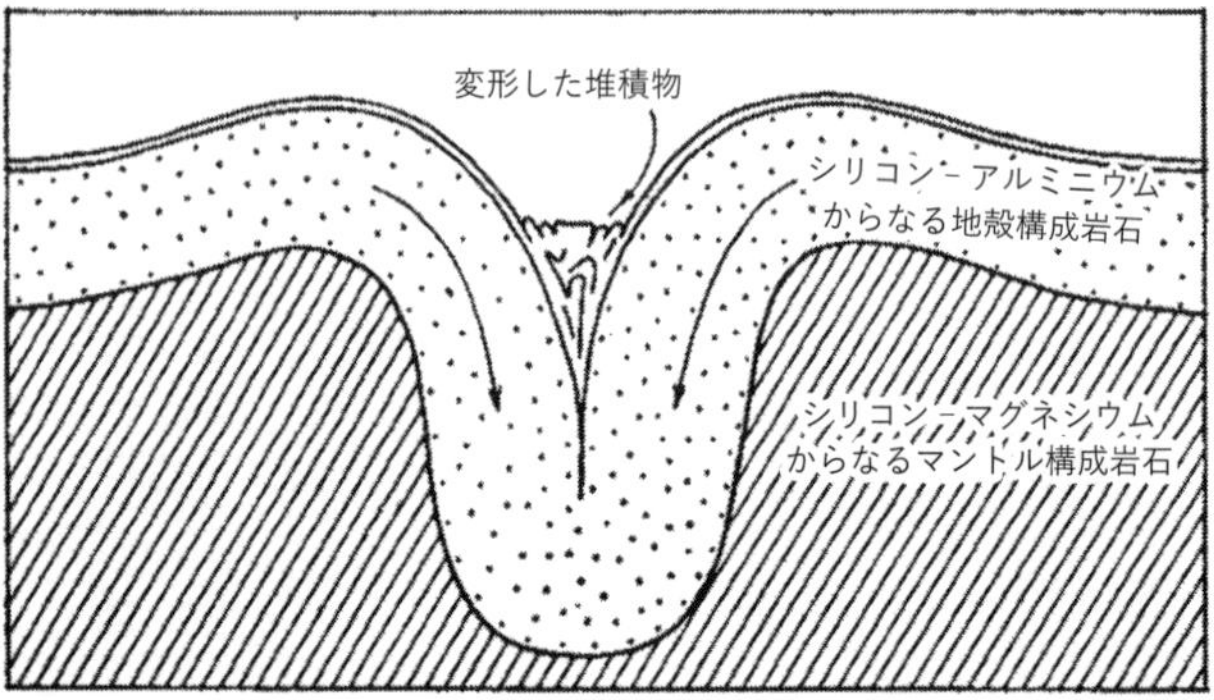

▲図 22.5　1938 年にハリー・ヘスが発表した「テクトジーン」の概念は海溝の下での地殻のたわみ〔訳註：層状体の層構造に平行に圧縮力を与えた場合に層状体が圧縮され、褶曲すること〕、この地域の低重力と厚い地殻、和達とベニオフが報告した地下に向かって傾いた震源分布を説明するために想定された

ロメートルの深さに達することもあり、大陸の下に向かって沈下していく明確な深発地震多発面を形成していた。

このパターンは何を意味しているのだろうか？　一九四九年、ベニオフはついに自身の結果を公表した。和達は基本的に同じ考えを一九二八年にすでに発表していたが、それを知る人は少なかった。彼ら二人はこのパターンが世界中のほぼすべての海溝で見つかることを指摘した。しかし彼らには説明がつかなかった。それはまるで他のピースを持たずにジグソーパズルのピースをひとつだけ持っているようなものだった。それが何を意味しているのかは残りのピースを見るまでわからないのだ。

海溝のこれらの奇妙な特徴（重力、最終的には地震）について公表された説明は、ハリー・ヘスによる一九三八年の論文と、ランド研究所〔訳註：アメリカの研究開発シンクタンク〕の設立に協力した地球物理学者デイビッド・T・グリッグスによる一九三九年の論文だけだった。アメリカ空軍の主任研究者としてグリッグスは一九五一年、水素爆弾の開発を監督するのに協力した。ヘスとグリッグスはそれぞれの論文の中で、マントル内の熱対流によって海洋地殻が地下に引きずりこまれ、その上でカーペットがたわむように褶曲《しゅうきょく》することで海溝の下の地殻構成岩石の異常な厚さと密度の低さを説明しようとした（図22・5）。ヘスはこの風変わりな構造を「テクトジーン」とよんだ。

この仮説は時代の先を行くものだったが、結局はプレートテクトニクスが登場すると時代遅れになってしまった（プレートテクトニクスがすべての人に教科書の改訂を余儀なくする前、一九六〇年代に出版された私の大学の教科書のいくつかにテクトジーンが見受けられたことを今でも覚えている）。ベニオフは、震源が地下に向かって急落する地帯をつくり出すテクトジーンのような地殻の褶曲が存在するかもしれないと考えたが、ほとんどの人びとはこの本当の原因については途方に暮れていた。和達－ベニオフ帯がもっと大きな謎を解き明かしたのはさらに二〇年も後のことだった。

謎その3・圧力は高いが温度は低い

何年もの間、地質学者はカリフォルニア州の海岸山地の地質図作成を行ってきた。彼らは「青色片岩」とよばれる独特の青い色の変成岩を多くの地域で発見した（図22・6）。その変成岩は、他の種類の片岩にみられるのと同様の平面状の葉片状構造〔訳註：片理〕をもっているが、世界中でまれにしかみら

▲**図 22.6**　藍閃石、ローソン石、その他の青色の鉱物からなり、強い片理をもった典型的な青色片岩

れず、カリフォルニア州の海岸山地と日本から報告されているにすぎなかった。地質学者は三〇マイクロメートルの厚さに研磨した試料を顕微鏡で観察し、その岩石が特徴的な鉱物でできていることに気づいた。ひとつは藍閃石《らんせんせき》（名前はギリシャ語で「青緑色に見える」を意味する）といわれる独特の青みを示す、ナトリウムに富む角閃石《かくせんせき》だった。藍閃石はエーゲ海のキクラデス諸島で最初に報告されたが、すぐにカリフォルニア州でもっとよく知られるようになった。これらの岩石は、多くの地質学者によって非公式に「青色片岩」と呼ばれていたが、アメリカ地質調査所の地質学者H・ベイリーが一九六二年に講演要旨でその言葉を使うときまで、実際には誰もこの岩石の名前を公表しなかった。

もうひとつの青色の珍しい鉱物は一八九五年にカリフォルニア州マリン郡のティブロン半島の青色片岩から発見された。それはカリフォルニア大学バークレー校の地質学課程の創設者の一人（そしてサンアンドレアス断層を命名し、一九〇六年のサンフランシスコ地震の調査を指揮した）、アンドリュー・ローソン（第23章参照）の名前にちなんで正式にローソン石と呼ばれた。彼の二人の学生、チャールズ・パラシェとフレデリック・L・ランサムがその鉱物を発見し、ローソンに敬意を表して命名したものだ。地質学者はすぐに青色片岩に産するこの風変わりな鉱物の膨大な産出リストをつくったが、それがどのようにして形成されたのかは完全な謎のままだった。他に二種類の鉱物が見つかっていた。鋼のような青色で、アルミニウムに富むケイ酸塩鉱物である藍晶石《らんしょうせき》と、もうひとつはヒスイという宝石になりうるヒスイ輝石として知られる輝石だ。

地質学者が変成岩の重要な鉱物のいくつかを合成できたのは一九四〇年代から一九五〇年代のことだった。実験炉を使ってきわめて高温・高圧条件下で岩石試料を加熱し、高圧下に置いて、どのような鉱物が生成されるのかを観察するのだ。この手法を使えば、ある特定の変成鉱物が地質圧力計と地質温度計として利用できることがわかった。実験室のデータによって、それらがある特定の範囲の温度と圧力下でのみ生成されるとわかるので、どんな変成岩でもその鉱物が産出すれば、その岩石が経験した温度と圧力の範囲を知ることができたのだ。

これ以後、フィンランドの地質学者ペンティ・エスコラなどの地質学者たちは、緑泥石《りょくでいせき》といわれる雲母《うんも》のような緑色の鉱物、緑簾石《りょくれんせき》、角閃石群の透閃石や陽起石《ようきせき》など、緑色の鉱物を含むことから長い間「緑色片岩」とよばれてきた岩石が、比較的低温・低圧条件（圧力二〜八キロバール、三三〇〜五〇〇℃）で形成されたことを明らかにすることができた。

もし地殻にさらに深く押しこまれると、岩石は中程度の圧力と温度（四〜一二キロバール、五〇〇〜七〇〇℃）の領域に到達する。これらの岩石は普通角閃石群の黒い角閃石に富むので、中程度の変成作用に対して地質学者が使う言葉は「角閃石相」だ。最終的には、岩石は大陸地殻の最深部にまで降下することができて、そこでは最も高い変成度を生じるきわめて高い圧力（六〜一四キロバール）と温度（少なくとも七〇〇℃）が発生し、これらの岩石は片麻岩組織（訳註：高温条件の広域変成作用での構成粒子の濃集・再結晶による層状ないし縞状構造）をもち、「グラニュライト」といわれることもある。

これら三つのタイプの変成岩は、大陸どうしの衝突が巨大な隆起山脈（今日のヒマラヤ山脈のような山脈）をつくるような広域変成作用で形成される。浅い埋没を経験した岩石は緑色片岩に変化するだけであり、もしさらに深く埋没した岩石が造山帯根底部の地殻深部、数十キロメートルもの深さに達すると、角閃岩または最終的にはグラニュライト質片麻岩に変化してしまうだろう。

これは世界の変成岩の大多数にみられるパターンだったし、これらの岩石の分布は地質図によく表され、理解もされていた。しかし青色片岩はどうだっただろう？　なぜ青色片岩は特有の鉱物を含んでいるのだろうか？　また青色片岩は産出がたいへんまれで、ギリシャの島々、カリフォルニア州の海岸山地、日本の沿岸域とその他いくつかの地点など限られた場所でしか見つからないのはなぜだろうか？これは長い間、謎のままだった。一九三九年、エクロジャイト（現在ではマントルに近い、地下深部に由来することがわかっている）などの既知の高圧変成岩に比べて青色片岩は中程度の変成作用を受けているように見えるので、エスコラは青色片岩が高圧変成岩かどうか疑っており、また青色片岩のことを不思議に思っていた。一九五〇年代の後半、地質学者の多くは青色片岩中のヒスイ輝石と石英の鉱物の組み合わせは、すでによくわかっていた緑色片岩の高圧型の変成岩にあたるものだと考えていた。

一九六〇年代の初期、スタンフォード大学の地質学者、W・ゲイリー・アーンストなどの研究者は、藍閃石やローソン石のような珍しい鉱物や青色片岩の一般的な鉱物の組み合わせがどのような条件下で生成されたのかを明らかにしようと、ついに非常に重要な室内実験を行った。長年の室内実験のあと、その答えが浮かび上がってきたが、それは以前と同じく不可解なものだった。答えはきわめて高圧（四〜六キロバール以上）だが比較的低温（四〇〇℃以下）という変成条件だった。これは奇妙だった。岩石が深く埋没してそのような高圧を経験すると、高い温度に加熱されるのがふつうだ。どうすれば、「高圧下で低温」だった岩石、すなわち高い圧力を経験したが、高い温度には加熱されることがなかったと思われる変成岩が形成されるのだろうか？　そして岩石はどのようにしてそのような高圧が支配する地下深部から地表に上昇して来たのだろうか？　さらになぜカリフォルニア州の海岸山地と他のいくつかの地点でだけ、そのような岩石が発見されたのだろう？
ジグソーパズルのもうひとつのピースがつけ加えられた。しかしパズルを組み立てるには、見つかっていないピースが他にもたくさんあって、意味あるものにすることはまだできなかった。

謎その4・雑然とまぜこぜになった岩石

何十年もの間、地質学者はサンフランシスコから南にサン・ルイス・オビスポまでのカリフォルニア州の海岸山地の風変わりな岩石の多くを「フランシスカン層」（アンドリュー・ローソン自身が提唱した地層名）として地質図を作成してきた。しかしこれらの岩石は、板状に地層が積み重なった単純な層序関係やごく通常の堆積層のような長距離にわたる連続性を示さなかった。「フランシスカン層」の岩石はまるでミキサーの中で粉砕されたように、強く剪断されて、変形し、「スライスされて、さいの目状になっている」のだ。この外観のために、こうした岩石は、「混合物」を意味するフランス語の「メランジュ」という名前が与えられた（図22・7）。

典型的なメランジュは多彩な深海起源の頁岩やチャートだけではなく、混濁流で深海に堆積したタービダイト性砂岩（上巻第15章）も含んでいたが、これらの堆積岩は切り刻まれてバラバラになってしまっていたので、十分な距離にわたって地層を追跡することができなかった。断層で囲まれたひとつのブロックから隣のブロックに移動すると、岩石が急に変化することがたびたびあった。特異な岩石もたくさ

▲**図 22.7**　地層が剪断され、不連続なブロック状になっている典型的なメランジュの露頭
カリフォルニア州サンシメオンとハーストキャッスルの下の海岸露頭にある

ん含まれていた。オフィオライト（上巻第2章）は海岸山地のあちこちにみられるが、一九七〇年代まではそれが切断された海洋地殻のスライスだとは考えられていなかった。

オフィオライト構成岩は、玄武岩から蛇紋岩（滑らかで蛇の皮膚のような質感から命名）といわれる繊維質で暗緑色の岩石に変成していた。この変成作用によって蛇紋石鉱物（加えて石綿のような鉱物）でできた蛇紋岩といわれる岩石が大量に形成された。さらに蛇紋石は風化して、特定の種類の植物だけが生育するマグネシウムに富んだ土壌になる。さらに特異なのは、高圧だが比較的低い温度の条件下で形成される理由が一九六〇年代までは完全には理解されていなかった青色片岩の大型岩塊の存在だった。

岩石はどのようにして、すべて剪断され、ズタズタに切り刻まれたのだろうか？　メランジュがカリフォルニア海岸山地のような場所にだけ見つかるのはなぜだろう？　そして、深海堆積物、オフィオライト、青色片岩という他ではごくまれな岩石の奇妙な混合物でメランジュ全体ができているのはどうしてだろうか？　二〇世紀の初期から半ばにかけて、謎は解決されないまま残った。一九六〇年代初頭になると、ジグソーパズルのたくさんのピースが集まってきたが、まだ誰も壮大な全体像には気づいていなかった。

答えその1・沈み込みが造山運動につながる

マントル対流と大陸移動についての初期の仮説すべてに一通り目を通すと、マグマが上昇する場所で生成されたプレートは上部マントルでの対流が下降する場所で地表からマントルに向かって沈んでいくに違いないことを暗示しているように思える。これはアーサー・ホームズによる一九四四年の時代の先端をいった地質学の教科書の挿図（上巻図8・2）に示されている。ホームズは以下のように述べている。

他に行くべき場所がどこにもないので、それらは地下の深いところに沈んで行かざるをえない。これはまさしく、二つの逆向きの対流が出会い、玄武岩質の蓋の下で対流の向きが下向きに変わるときに最も起きやすい。海底では、そのような玄武岩層の地下への方向転換は、海洋の深い部分として表現されることだろう。アジア大陸を縁取る列島とアジア－オーストラリア弧の島々（トンガ－ケルマディック諸島）の境をなす巨大な深海部は、おそらくシアル質〔訳註：シリコンとアルミニウムに富む地殻構成岩石〕の大陸の縁辺が下向きになって曲がり、大陸深部の内側を形成し、一方、海底はその外側の形成に寄与する状態を表すのだろう。

大規模な対流が起きている間、玄武岩層はその前進する先端を下向きに方向を変化させて地球内部に消え去り、運動が停止するまでその上に大陸を載せて果てしなく移動し続ける一種のベルトコンベアとなる。

ほとんどのプレートテクトニクスの事実が明らかになるずっと以前の一九四四年にこれが執筆されたとすると、これは驚くほど現代的だ。ホームズは海洋底拡大を予想しただけではなく、海底拡大地帯から生まれる玄武岩質の海洋地殻の「果てしなく移動し続ける帯状物」、とりわけそれがどのように下降してマントルの下に戻っていくのかをも予想していた――まだそういう名前ではよばれていなかったが、基本的にそれは沈み込みの概念だ。

一九三九年に早くもデイビッド・グリッグスは、あるプレートが対流によって別のプレートの下に押しこまれている可能性の根拠として、海溝の下で大陸の下に向かって傾く地震多発帯の仮説を考えていた。彼の言葉を借りると、一流の地震学者は「全員が環太平洋地域の深発地震の震源は、大陸に向かって約四五度傾いた面上に存在するらしいことを認めている。これらの地震は対流面に沿ってすべることで引き起こされた可能性がある」。

ハリー・ヘスは、一九六二年に発表した有名な「地球詩のエッセー」とよんだ論文（第21章参照）でそれを明確に説明した。彼は海洋底がマントル内の対流によって運動し、中央海嶺で生まれ、対流が下降する場所でマントル内に沈んでいく短命なものだとみなした。彼の言葉によると、

（海洋地殻の）最先端部分は、対流するマントルの下向きに流動する部分にぶつかって激しく変形する。海洋地殻はマントルが下降する部分に巻きこまれて加熱され、海洋に水が放出される。海洋堆積物でできた被覆層と海底火山である海山もまた下降するマントルの岩石破壊装置に乗って地下に移動し、変成作用を受けて最終的には大陸に貼りつけられてしまう。

ここに来て、沈み込み帯についての今日的な考えのほぼすべての要素がようやく揃った。それは、沈み込んでいくプレート、加熱と脱水（主に島弧火山を形成するマグマの発生を活発にする）、海洋地殻

の断片・海山・他の物質が下降するマントルの岩石破壊装置で変成・変形し、最終的には大陸に貼りつけられる作用だ。

一九六三年にヴァインとマシューズが海洋底拡大の証拠を出版すると、J・ツゾー・ウィルソン、ダン・マッケンジー、W・ジェイソン・モーガン、ザビエル・ル・ピションなどによる画期的な論文が一九六〇年代中頃、雪崩をうって発表された。これらの論文のほとんどすべては「海溝」と「圧縮境界」について述べたもので、何が海溝を形成したのか、海溝での重力がより密度の小さい岩石の存在を示したのはなぜなのか、そして海溝には急に落ちこむ地震の和達－ベニオフ帯があるのはなぜかなど、すべてがプレートテクトニクスという新しく登場するモデルに関連したものだった。

謎その5・アラスカ地震――沈み込みは現在も起きている！

しかし文字通り世界にショックを与え、沈み込みが現在も活動中だということを明らかにした重要な出来事は一九六四年のアラスカ地震だった。それは、一九六四年三月二七日、聖金曜日の午後五時三六分に発生した、マグニチュード九・二、アメリカで観測・記録された中では最も強い地震だった。この五年前にアラスカは州になったばかりだった。アラスカ州南部ではいくつかの町が壊滅し、いくつかの地域は海に沈んで消滅した。巨大な津波が沿岸のあらゆるものを流し去り、その一方で液状化現象に飲みこまれて沈降した地域もあったし、大規模な地すべりがジェットコースターのように住宅を運び去った場合もあった。この地震のマグニチュードの大きさと、場所によっては七分間の強い揺れがあったにもかかわらず、わずか一三六人しか死亡しなかったのは驚くべきことだった。これは幸運だった。聖金曜日で、ほとんどの人が仕事の後すでに自宅にいて安全だったことと、当時のアラスカ州の人口が少なかったためだ。

多くの人が地震による緊急事態下での物流の問題に取り組んだが、地震学者は地震の詳しい研究とその影響の調査のために緊急に派遣された。その一人がアメリカ地質調査所の地震学者で、地震発生時に現場にいたジョージ・プラフカーだった。地震学者は巨大な衝上断層によって太平洋の海底の一部が北のアリューシャン海溝とアラスカ州の下に押しこまれつつあることをすぐに明らかにした。

プラフカーは衝上断層の上の地殻の上下変動に非常に興味深いパターンがあることに気づいた（図22・8A）。アリューシャン海溝のすぐ北、プリンス・ウィリアム湾から南のコディアック島の南岸までの岩盤が九・一メートルも空中に隆起していたのだ。この地域の桟橋からは、干潮のときのように海水が引いてしまうのがわかったが、海水は二度と元に戻らず、また潮だまりは隆起によって潮間帯から外れてしまったので、潮だまりにいた生物はすべて死んでしまった（図22・8B）。しかし海溝からずっと北、隆起した地域の北西側（キナイ半島、コディアック島、クック入江の海岸）では地面が二・四メートル沈降し、そのため海水が侵入して沿岸域を冠水させ、海水は永久に引いていかなかった。海岸線よりも高いところにあった広大な森林には塩水が氾濫し、樹木が枯死してしまった（図22・8A、C）。

プラフカーはこの情報をすべて総合し、この地震が地下にある巨大な衝上断層の上に重なっているブロックがぐしゃっとつぶされた結果だと正しく理解した。海溝の断層帯直上の地域は圧力で上向きにねじ曲げられていたが、一方で海溝のすぐ後方〔訳註：この場合、北西側〕の地殻はほぼ同じ程度に下向きにねじ曲げられていた。一九六四年のアラスカ地震は活動中の沈み込みの存在を最初にはっきりと示したものだった。

一九六〇年代後半、地震学者は旧来の手法を新しく進歩させて、プレートの運動がプレートテクトニクスから予想されたものと同じ方向だったことを確かめた。初動発震機構解析〔訳註：P波の初動の向きである最初の地面の動きを使って地震を起こした地下の断層の動き、すなわち発震機構を推定する手法〕を使って、さまざまな地震計のアレイ観測〔訳註：複数の観測点を配置して、各観測点での初動を解析する手法〕から、断層が運動した方向と断層面の傾斜角度を知ることができた。

数十の異なるプレート境界上での何千もの地震のデータを集約して、ラモント・ドハティ地球観測所の地震学者、ブライアン・アイザックス、ジャック・オリバーと、私のかつての地震学の教授リン・サイクスは、一九六七年と一九六八年、プレートテクトニクスのモデルに従って地殻の境界が運動したことを地震によって証明した。すべての地震は、地震発生帯が上に載っているプレートの下で傾いていること（ベニオフと和達が未完成ながらデータで明らかにしていたように）を示しただけではなく、地震の運動とは、あるプレートが別のプレートの上に低角度でおおい被さることだということも明らかにした。対照的に、中央海嶺での地震は海洋底拡大説から予測されるように、垂直な面での引き離しによるものである。この研究はプレート運動の実在を確定する証拠のひとつだと考えられた。

研究のすべての爆発的な進展を通じて、この概念を何とよぶのかはまだ定まっていなかった。「プレートの下への押しこみ」「下降するスラブ〔訳註：スラブとはプレートのこと〕」「上に載ったスラブ」「重ね

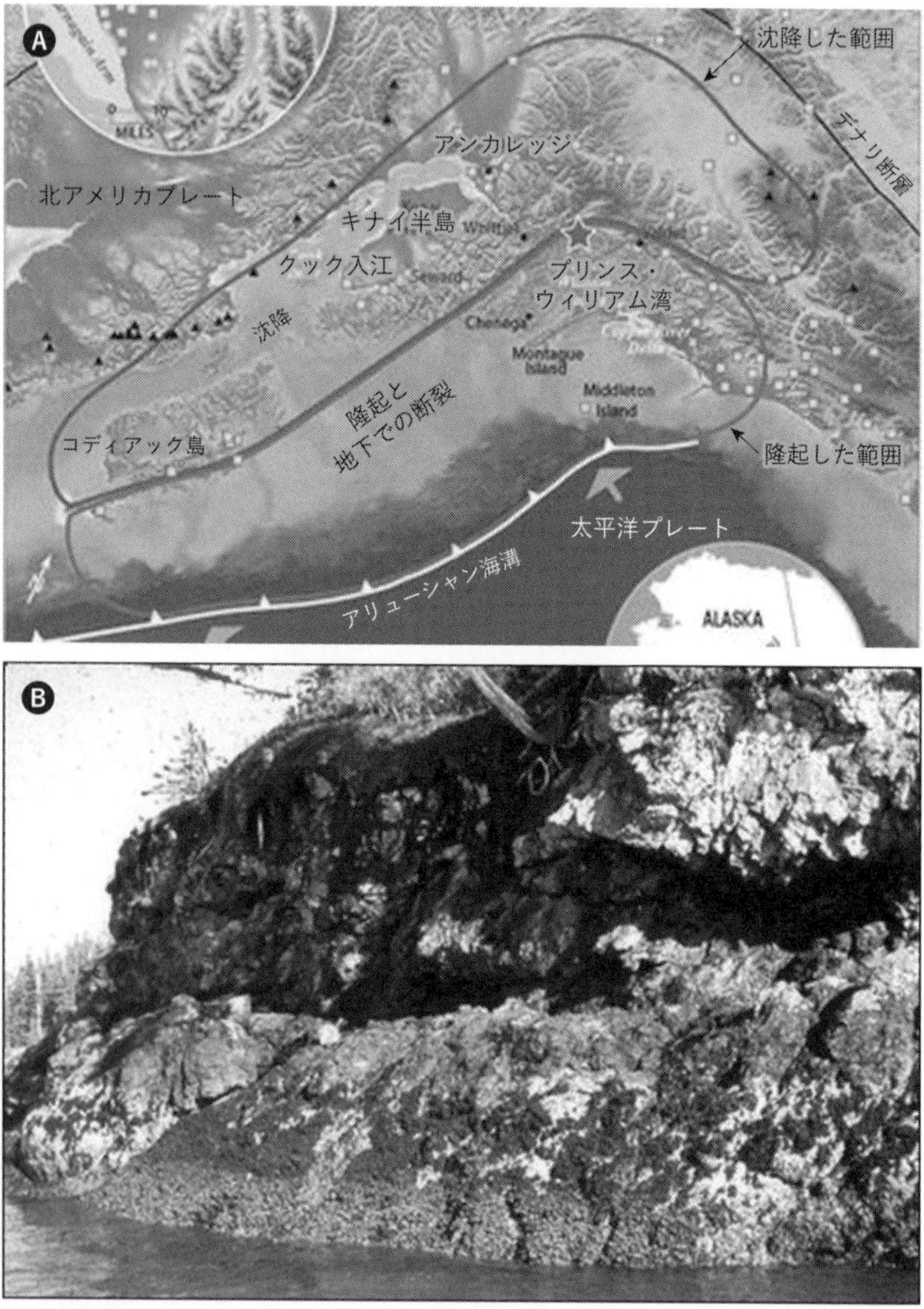

◀▲図 22.8
A：1964 年のアラスカ地震後の隆起域と沈降域の分布パターンは、アリューシャン海溝に沿ったプレートの沈み込みによるものと考えられた〔訳注：☆は震央の位置〕
B：満潮でももはや海水が届かなくなった隆起海岸の露頭。海生生物を乾燥した環境に露出させた
C：ある地域は 1964 年のアラスカ地震のあと、満潮時に海水が侵入し、海面下に没してしまった

合わさるスラブ」「収束帯」「短縮帯」「消費帯」「下降」「海溝」「地殻破壊帯」「ベニオフ帯」「島弧」「下に引きずられた地殻」「沈降帯」「下降翼」「はぎ取り帯」「下降流」または「下層流」といった用語がそれまであちこちで使われてきたが、いろいろな誤解を招きやすく、意味は暗示的にすぎなかった。「ベニオフ帯」のような地震学の概念の用語もあったが、他は地質構造や造構論の意味も含まれていた。

一九六九年初期、スタンフォード大学のビル・ディキンソンはアメリカ地質学会史上初のペンローズ会議を組織した。五〇〇〇～六〇〇〇人の地質学者が四日以上にわたって同時進行する約二〇〇の分科会で質疑や議論が盛り上がったりそうでもなかったり、あるいは単に他人の発表を聴きに行くだけのこともあり、一五分間の手短な講演が行われる通常のアメリカ地質学会の大会とペンローズ会議とはずいぶん違っている。

私はペンローズ会議に三度参加したことがあり、そのうち二度は私自身が主催したが、それらは正式な学会というよりもむしろワークショップや自由討論のようなものだった。どの参加者も広汎なテーマに対してどのように貢献できるかによってペンローズ会議に招待される。どの研究者も何か発表し、多くの場合、参加者はそのテーマについて討論したいと思う限りの時間を使えるので、会議のスケジュールは自由で柔軟性に富んでいる。

さらに重要なことは、ペンローズ会議ではすべての参加者があらゆる講演に出席できることだ。これは、きわめてたくさんの発表がたいへん多くの会場で同時進行で行われるために、参加者はそのごくわずかにしか出席することができない通常のアメリカ地質学会とは違っている。ペンローズ会議全体の構想は、ふだんは交流することがない異分野の研究者を集めて、互いの話を聴き、互いから何を学べるかを知ることにある。

一九六九年のペンローズ会議は、それが史上初めて開催された集会だっただけではなく、ディキンソンとその共同座長がプレートテクトニクスのほぼすべての先覚者たちを一堂に集めたという点で歴史的なものだった。最先端にいなかった研究者も、新たに台頭してきたプレートテクトニクスを総合化した全体像を入手することができた。その場には、地質学のある専門分野で膨大な経歴をもっていたが、その専門分野にプレートテクトニクスが適用されるのを見たことがない老大家も大勢いた。かなりの人数が全米科学アカデミーの会員だったか、あるいはその後に会員になっていることを考えれば、集められた参加者の英知には感銘を受けるものだった。

ディキンソンと彼の共同座長はモントレー半島のパシフィック・グローブにあるトニー・アシロマ・リゾートで会議を開催した。アシロマは、瞑想と自己啓発に焦点をあてるＴＥＤカンファレンス〔訳註：ＴＥＤはテクノロジー・エンターテインメント・デザインの略称。さまざまな分野の人がプレゼンテーションする世界的な講演会で、無料配信もされている〕などの週末に開催される最先端の会議やその他さまざまな集会で有名である。ここはリラックスし、世界を心の友とし、あるいは上質なワインのグラスを片手に太平洋とまわりのセコイアの林の壮大な景観を眺めながら温かい浴槽に浸って重要な考えを討論するには申し分ない場所だ。

一九六九年一二月一五日から二〇日に開催された第一回ペンローズ会議は地球科学界全体を変化させた。すべての出席者それぞれがプレートテクトニクスの謎解きの重要な一個のピースを握っていて、すべてのピースがうまく組み合わさること――そして完成した構図は保守派の研究者たちが数十年にもわたって取り組んできた重要な地質学的な謎を見事に説明できることに気づいていた。会議が終わったとき、出席者たちは破綻した古い考えを放棄し、頭の中を新しい考えで満たし、多くの出席者はプレートテクトニクスという科学革命の加速する時流に飛びこむことを熱望した。

貴重な土産品のひとつは、会議の出席者からディキンソンに「贈呈」されたアシロマのカフェからこっそり持ち出された主菜用のごくふつうの皿だった。出席者たちはマーカーペンで次のような言葉を皿に書きこんだ。「プレートテクトニクス英雄メダル」「一九六九年一二月アシロマでのペンローズ会議」、そして皿の縁には「われわれが信じる沈み込みに」。ディキンソン自身が後にコメントしたように、「プレートテクトニクスという地球科学での革命は、専門家としての私の歩みがしっかりと地についた頃に進行し、私は何年間もそのロケットに乗っていた……プレートテクトニクス革命は最高に面白かった。こんなに長い間、なんとわれわれは馬鹿だったのかと自問し続けた。しかしわれわれは有利な立場にいて、ただ前進して行きさえすれば議論に勝利を収められるであろうことも知っている」。

アシロマでのペンローズ会議の間、出席者は、プレートの下への押しこみや和達－ベニオフ帯という傾斜した地震多発帯があるこの不思議な海域を何と呼ぶべきかについて混乱した用語について討論した。歴史上重要な先行研究についての調査を行った後、出席者たちは、アンドレア・アムスタッツがアルプスでこの現象を説明するために一九五一年に提唱した「沈み込み」という古い用語が、この概念に適用できる最初に公表された用語のひとつだということに同意した。こうして、ひとつのプレートが別のプレートの下に下降する過程として「沈み込み」が正式に定義され、地質学界は「沈み込み帯」の構成要素についての明確な専門用語を手にしたのだった。

答えその2・沈み込み帯のくさび状の付加コンプレックス

一九六〇年後半、海溝と、あるプレートの下に沈み込むプレートの性質は、とくに地震学の分野、重力、古地磁気学から得られた地球物理学的データによって詳しく解明された。あるプレートが別のプレートの下に沈み込んでいくことが原因で実際に起きた地震の影響は、一九六四年の聖金曜日のアラスカ地震によって報告された。しかしメランジュとして知られる独特の岩石や青色片岩とよばれる奇妙な変成岩についてはどうだろうか？

一九六〇年代を通して、海洋地質学は飛躍的に発展し続けた。海洋地質学者は深い海溝の岩石だけではなく、海溝の両側の岩石もていねいに調査し、試料を採集した。海洋地質学者は海溝の上に載るプレートの末端部に、しばしば厚くなって海水面より上に達し、海溝のすぐ陸側に島々の列を形成する特異な細い隆起部を発見した。調査船がこれらの隆起部を掘削し、そこを通る地震波反射断面を描いたところ、海洋地質学者は隆起部の構成物が異常な構造をもっていることに気づいた。掘削試料からは、隆起部が多くの場合、広範囲にわたって層理面がなく、強く剪断された岩石でできていることが明らかになった。さらに異常なことは、最も古い年代のスライス状岩体が一番上にあり、そしてスライス状岩体は下に向かって年代が新しくなっていた。これは、ある堆積物が別の堆積物の上にすべり落ちるときに起きる、より新しい岩石がより古い岩石の上に重なるという現象とは正反対だ。

この構造は、隆起部のそれぞれが順に重なり、しばしば強く褶曲している、逆断層境界をもった数多くのスライス状岩体で構成されていることを描いた地震波反射断面でさらにはっきりした（図22・9）。場合によっては、一組のトランプのカードの片面のように、たくさんのスライス状岩体が横倒しになって積み重なっているものもあった。さらに明らかになったのは、掘削試料の岩石のほとんどが深海の頁岩、チャート、タービダイト性砂岩などの変形した海成堆積物だったが、断層で切られてスライス状になったオフィオライトや他の特有の岩石もときおり挟まれていることだった。

すべての海洋地質学の研究の結果、この岩石の特異な組み合わせは沈み込んで行くプレートが海溝につっこみ、マントルへと下降していくときにプレートからはぎとられた物質でできていることを研究者

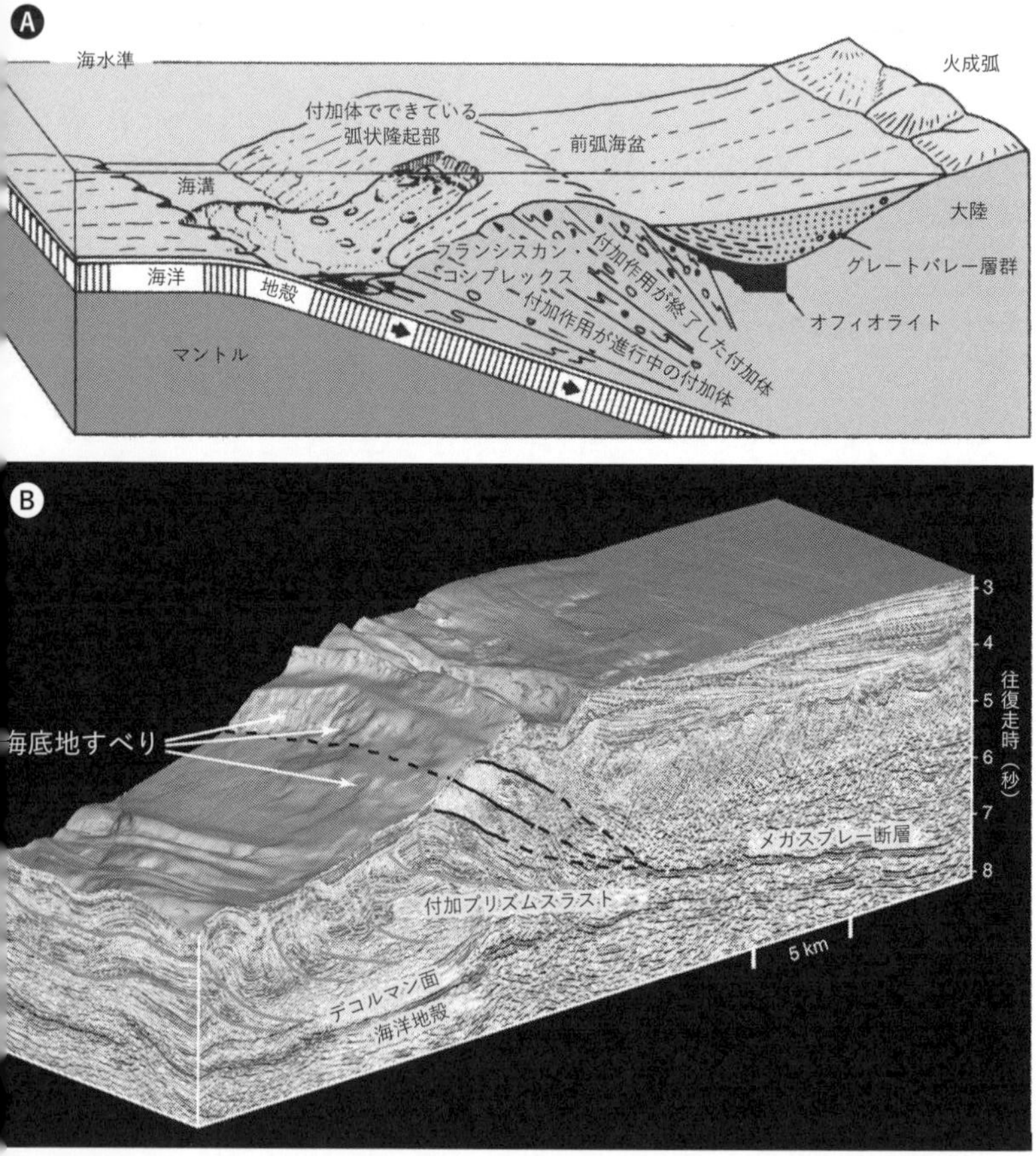

▲図 22.9
A：火成弧の前面にある付加体の図。付加体は、沈み込んで行くプレートからはぎとられ、上に載っているプレートの最下底部に貼りつけられた物質でできている
B：内部で強い断裂や褶曲がみられる付加体の地震波反射断面

は理解した。もし岩石が二枚のプレートの間ではぎとられる過程で激しく剪断され、薄く切りとられ、グシャグシャにされるとすると、その結果としての岩石の不連続性と強い変形は理にかなっていた。これはブルドーザーのブレード（排土板）が新しい岩石を削りとるのに似ている。いわば、ブレードが新しい岩石を削りとって、その前にあった岩石の山の下に押しこむと、最初に削り出されていた岩石は積み重なった山の一番上へと持ち上げられる。沈み込みの期間が長いほど、海溝ではぎとられた岩石の積み重なりはより大きく、より高くなる。

海洋地質学研究によるこれらの観察結果が公表され始めるとすぐに、陸上地質を研究していた地質学者はこれがまさにメランジュの特異性を説明できる過程だと気づいた。一九六九〜一九七一年に発表された一連の著名な論文で、ゲイリー・アーンストとビル・ディキンソン（当時はともにスタンフォード大学に在職）とケン・シュー（その後アメリカ地質調査所勤務）は共同して、乱雑に変形した「フランシスカン層」は従来の堆積層とはまったく違って、造構運動でできた集合物――別の言葉でいえば、くさび状の付加コンプレックスだと主張した。ジグソーパズルのピースすべてが意味をもったのだ。

パズルのピースがもうひとつだけ残っていた。奇妙な青色片岩だ。一九六〇年代初め、アーンストらは、青色片岩がきわめて高圧だが低温の条件下で形成されたことを明らかにしていた。そんな場所がどこにあるのだろうか？　メランジュの中に産出し、過去の火山弧に伴っているという事実は、青色片岩もまた沈み込み作用の産物だということを意味していた。一九七〇〜一九七三年の一連の論文で、アーンストらは、沈み込み帯がこの奇妙な変成作用にとって理想的な場所でありうることを明らかにした。沈み込んで行く海洋地殻のスラブは、海底を何百万年もの間ゆっくりと移動してきたために冷たかった強く風化されて多量の水を含んでいた。それがマントルに降下していくと、冷たくて水で満たされた岩石がたいへん圧力の高い領域に持ち込まれることになるのだ。それが冷たいスラブが加熱されて通常の地殻下部〜上部マントルの岩石の温度に達するには長い時間を要した。こうした条件は青色片岩を形成するには理想的な場だったのだろう。冷たいスラブは「高圧下で低温」のままだっただけではなく、中には押し上げられて付加体の底部に貼りつけられたものや、最終的にはスライス状に切られた岩石が他の岩石をさらに上に押し上げたときに地表にまで上昇したものもあった。

今日では、くさび状の付加体、青色片岩、メランジュ、オフィオライトとともに、地質時代の沈み込み帯の事例は世界各地で見つけられる。しかしこのジグソーパズルのピースすべてを連結させたのは、海洋地質学の進展とその後のプレートテクトニクスの誕生で加速されただけのゆっくりとした過程だった。

第23章 トランスフォーム断層

地震だ！ サンアンドレアス断層

よく晴れた日なら、パイロットは無線機や計器がなくても、断層を目印に四〇〇マイル（約六四〇キロメートル）をたやすく飛行できるだろう。森におおわれた山地のあちこちで断層の痕跡が見えなくなるが、サンアンドレアス断層は概して明確なばかりか、まるでおなかの手術の跡のような大移動の踏みならされた通り道が見えるのだ。南のほうでは……それは鮮新世の堆積岩が丸められた週刊誌みたいに見える道路の二つの高い切り割りを通っていて、一度の断層運動ではなく、その最盛期に連続して起こった断層運動の全体を表現している。

――ジョン・マクフィー『カリフォルニアを組み立てる』

サンフランシスコ、一九〇六年

一九〇六年四月一八日午前五時、ベイエリアの街の静かな朝だった。街の大半はまだ眠っていたが、ごくわずかなパトロール中の警官と配達人が起き出して動き始めていた。その前の晩の四月一七日は異常に暑かった。多くの金持ち連中はテノールの大御所エンリコ・カルーソーがドン・ホセ役で主演するグランド・オペラ・ハウスでのカルメンの公演に出かけていた（皮肉にも、その日の新聞はカルーソーの故郷、ナポリから遠くないイタリアのベスビオス火山の噴火を記事にしていた）。

一八三〇年代から一八四〇年代、メキシコの静かで小さな町だったサンフランシスコは、一八四八年とそれ以降のカリフォルニア・ゴールドラッシュのおかげで、数十万人以上の住人が暮らす大きな都市に成長した。町が大きくなるにつれて危険も増加した。ゴールドラッシュの頃からあった、いまにも崩れそうな木材と帆布でできた建築物は、一八四八～一八五一年に繰り返し発生した、少なくとも六回の火災で焼け落ちてしまった。一八三六年と一八六八年には小さな地震もあったが、最後の地震から三八年が過ぎ、ほとんどの住民は地震を忘れてしまったか、その後に移り住んできたか、または一八六八年にはまだ生まれてもいなかった。一九〇六年までには、古い木造建築物の大半が、鉄骨構造のレンガと漆喰の外壁の新しい建物に建て替えられた。多くの建物は消火用の加圧水を供給する大きな貯水槽を屋上に備えていた。サンフランシスコ市は全米で最大で、最も優秀な消火システムのひとつをもっていたのだ。

午前五時一二分、静かな街路と建物は一連の大きな衝撃で突然揺さぶられた。勤務中だった警官の一人は道路を荒海の波のように上下させるような地面の動きだったと話した（図23・1A）。別の警官、ジェシー・B・クック巡査はワシントン通りの東の端に立っていて、地震動の波が北から押し寄せて来るのを最初に目撃した一人だった。街路に沿って進んでくる地震動の波で、街路全体が波打った。建物と舗道は持ち上げられ、転倒した。報告書で彼はこう述べている。

私の足もとで地面が持ち上がったような感じがした。そして同時にデイビス通りとワシントン通りの数カ所で亀裂ができ、そこから水が噴き上がった。街路は私の足もとで沈んだように思え、ところによっては三〇センチから一メートルほども陥没した。私のまわりと近くの建物は転倒、倒壊し始め、しばらくの間はレンガを避けるのにかなり忙しい状態が続いた。ワシントン通りとデイビス通りの南西の角にある建物の最上階が崩落し、フランク・ボドウェルを死亡させた。

建物から走り出たバレンシアストリート・ホテルの夜間従業員は次のように説明した。「まるで建物の基礎がその下から後方に引きずられたみたいに、ホテルは急に前のめりに傾いて、バレンシア通りに崩れ落ちた。建物は粉々に壊れたわけではなかったし、破片が飛び散ることもなかったが、アコーディオンみたいに内側にめりこんでしまった」

たまたま四階に部屋をとった人びとは簡単に路上に脱出できた一方で、建物の三階までにいた人びとは圧死した（少なくとも一〇〇人が犠牲になった）。P・バレットという別の目撃者はこう書いている。「われわれは立ち上がることができなかった。大きな建物は誰かがビスケットを手の中で握りつぶしたように粉々に崩れた。私の目の前では建物の大きなコーニス〔訳註：建物の壁から水平に突き出た切妻または庇の部分〕が落ちて、虫けらのように人を押しつぶしてしまった」

パレスホテルは、カルーソーのような有名人、大統領、王族を接遇するサンフランシスコ市で最も豪

A
PHOTO

B

▲▶**図 23.1**　1906 年のサンフランシスコ地震
A：ゆがみ、割れ目が入った街路
B：倒壊した建物
C：ゴールデン・ゲート・ハイツにいる自分たちに向かって丘を上がって燃え広がる火災を見る群集
D：サンフランシスコ市庁舎付近の大火。略奪行為を防ぐため、警戒中の兵士の姿がみえる華なホテルだった。七階建てで八〇〇を超える客室があり、最新式のエレベーター四基を備えた当時アメリカで最大のホテルだった。また消防士に役立つように、約二六五万リットルの鉄製防火水槽を屋根の下に設置していた。揺れが始まったとき、車寄せの中にいた馬が急に走り出し、樹木が左右に揺れたが、建物はもちこたえていた。カルーソーは公演後の食事のあと、わずか二時間前に床に就いたばかりだったが、激しく揺さぶられ、パニックに陥ってしまった。この地震に彼がどのように反応したのかについてさまざまな話が公開されているが、ある報告によると彼は夜着の上から毛皮のコートを着て、「Ell of a town. ここには二度と来るものか」とつぶやきながらサンフランシスコを後にしたという。そして再びサンフランシスコを訪れることはなかった。

警官のハリー・ウォーシュは死と崩壊を目撃し、揺れが襲ってくると閉じたり開いたりする大きな亀裂をフリモント通りの舗道で発見した。そこで彼はテキサスロングホーン〔訳註：特徴のある大きな角をもった牛の品種〕という牛の群れがミッション通りを波止場の方向から自分のほうに向かって先を争って逃げ出してくるのを見た。どうやら、牛たちは到着した船から下ろされたばかりで、地震が発生したときは、市の南にある家畜飼育場に運ばれていくところのようだった。メキシコ人のカウボーイは街の通りを走りぬける牛を放置し、パニックになって逃げ出した。ウォーシュはこのように述べている。

たくさんの牛がフリモント通りとファースト通りの間にあるミッション通りの舗道を走っている間に大きな倉庫が大通りに向かって倒れ、舗道から地下室まで建物の大部分が全壊して、牛の群れを死なせ、完全に瓦礫の下に埋めてしまった。私が最初に見た牛の群れは落ちてきた建物のコーニスや同様のものの下敷きになって身動きできなくなっていた。そしてひどく惨めだった。それで私は拳銃を取り出し、動けなくなった牛を撃った。このとき六発の銃弾しか残っていなかったのだが、さらに多くの牛がやって来るのを見て、たいへんなことになると思った。

そのとき私は居酒屋を所有していたジョン・モラーに出くわした……彼が弾薬を持っていないかどうかを訊ね、もし持っているならいくらかを急いで自分に持たせてほしいと頼んだ。彼はとても怯え、地震とその他のあらゆることに興奮していた。そして牛たちが突進し、大声で鳴きながら走ってくるのを見て、彼はいっそう怖じ気づいたようだった。

とにかく、考える時間はなかった。私がモラーに助けを求めている間、二頭の雄牛がまさにわれわれに向かって突進し、モラーは自分の店に走って行った。武器としては連発拳銃一丁だけだったので、私は自分の職務を迅速に果たさなければならなかった。牛がうんと近づいてくるまで発砲するのを待つ必要があった。そうしないと牛を殺せなかっただろうし、止めることさえできなかっただろう。

私がその中の一頭を撃ったとき、居酒屋のドアのところにいて、まったく安全そうだったジョン・モラーに向かって別の牛が突進していくのが見えた。次に私が彼と街路を見ると、モラーは向きを変えて恐怖で身動きができなくなっているようだった。牛が戻っていくのを懇願するように彼は両方の手を差し出した。しかし、私が発砲するのに十分に近寄る前に、牛は突進して彼を引き裂いてしまった。牛を射殺したときはモラーを救うにはもう手遅れだった。

やがて一人の若者がライフル銃と大量の弾薬を持って駆け上がってきた。それは旧式のスプリングフィールド式の小銃で、若者は使い方を承知していた。その射撃は冷静で、牛のこともわかっていた。彼はテキサスから来たと言った……われわれはたぶん五〇頭か六〇頭射殺した。

実際の揺れは約四〇秒続いたが、その日の朝、地震を体験した人びとにとっては永遠のように感じられた。そして被害は街全体に及んだ。今日のカリフォルニア州で要請されているような鋼棒や鉄筋による補強がされていなかったので、レンガ造りの建物や煙突はほぼすべて倒壊した（図23・1B）。最初のうち木造建築物と鉄筋建築物はよかったが、木造建築物の場合、石油ランプが落ちて火が入っていた炉床が壊れるとすぐに出火して燃え広がった（図23・1C）。たちまち火災が広がり、手がつけられなくなった。四日間燃え続け、二万八〇〇〇棟の建物を破壊し、市の七五パーセント以上を焼け野原にし、最終的には地震そのものによるよりも一〇倍もの被害を出した。

その準備にもかかわらず、消防署は無力だった。消防署長は最初の揺れで死亡したし、地震動で水道管が破裂して、消防隊への水の供給は停止してしまった。屋上の貯水槽が少しは役に立ったが、大火と戦うには十分とはいえなかった。すぐにプレシディオ地区から来た二〇〇〇人の兵士（図23・1D）が、略奪者を射殺する命を受けて街路を巡回した（戒厳令の正式な布告はなかったにもかかわらず）。消防士たちは炎を食い止めようと必死になっていたので、炎の通り道にある建物を爆破して防火帯をつくろうと試みた。『一九〇六年の大地震と大火 *The Great Earthquake and Firestorms of 1906*』の著者であるフィリップ・フラドキンは、「問題のひとつは彼らが使った爆薬の種類だった」と述べている。黒色火薬は燃えやすく、火災を広げてしまう。そして二日目の終わりに消防士たちは、大きな化学薬品倉庫を爆破するという過ちを犯してしまった……それは花火以上だった。
二日目までに、市の郊外にテントを立てて避難用のキャンプをつくったり、またサンフランシスコ湾を渡るフェリーボートに乗って、大量の避難民が火災から逃げ出した。母親と同居していたローザ・バレダという女性は友人宛に手紙を書いた。

焼け出された大勢の人たちが荷物をロープで首に巻いて、重いトランクを引きずって私の家の前を通り過ぎていきました。彼らの自宅が焼失したか、爆破されてしまったことを告げる致命的で悲痛なトランペットの音を聞いた瞬間から、彼らは前に進み続けるか急いで移動しなければなりませんでした。日が沈むと、私たちが一日中見てきた黒い雲がぎらぎらと赤くなり、有名なゴールデンゲート・ブリッジの夕映えとはまるで違ったものでした。

地震でひどい被害を受けなかった地区でさえ、家屋は焼け落ちた。四日後、サンフランシスコ市の家屋の八〇パーセントが倒壊し、四〇万人の人口の半数が家を失ってしまった。公式発表された死亡者数は三〇〇名だったり七〇〇名だったりさまざまだったが、スラム街に住む中国人やラテン系の人びとは数えられていなかったので、実際の死亡者数は約三〇〇〇名と思われる。
揺れと火災が収まるとすぐに、市の後援者と主だった実業家は、市を以前よりもさらに大きく、よりよいものにしようと再建を誓った。全体の区画整理をやり直し、市をもっと近代的な街にするという思い切った計画があったが、結局、サンフランシスコ市は、いくつかのより広い道路とよりたくさんの耐火構造の建物の建設が盛り込まれたものの、古い計画に沿って再建された。彼らはすべての石造建築で補強鉄筋が必要であるという教訓をまだ学んでいなかったし、耐震補強されていない危険な古い建物は今日でも数多く存在している。

地震から九年の後、完全に復興したことを誇示するために、サンフランシスコ市はパナマ運河の完成を祝う国際見本市として大規模なパナマ・太平洋万国博覧会〔訳註：サンフランシスコ万国博覧会〕を主催した。見本市会場を造成するために、建設業者は大量の震災ゴミを埋め立て材としてサンフランシスコ湾に投棄した。博覧会終了後、見本市会場の一部はゴールデン・ゲート・パークになったが、新たな土地はマリーナ地区の建設に使われた。ここはサンタ・クルーズで起きた一九八九年のロマ・プリータ地震で揺れが最も激しく、最も大きな被害を受けた地域だった。

復興事業の一方で、市の有力者たちは地震について語るのは都合の悪い宣伝であり、投資家の意欲をそいでしまうだろうと考え、彼らは公式には地震を「一九〇六年のサンフランシスコ市の大火」とよんだ。結局、火災は何年にもわたって多くの大都市を荒廃させてきた身近で避けがたい出来事だが、地震は恐ろしく、そして予測ができないものだったので忌避したのである。有力者たちはメディアでの地震についての報道を抑えることに全力を注いだ。彼らは東海岸の報道機関にでたらめの話を流し、サンフランシスコ市はわずか一週間で灰燼から立ち上がったのだと自慢したのだった。

もちろん地震学者は、市民が知っておくべき正しい科学的情報を市が検閲したときは、とくにこの隠蔽工作と市の広報活動が馬鹿げており、がっかりさせられるものだとみなしていた。一九〇八年、ジョン・ブラナーはアメリカ地震学連合（一九〇六年の地震を受けて設立された）の紀要に次のように書いている。

地震を適切に研究するうえでの最大の障害は、地震が西海岸の評判に悪影響を及ぼし、ビジネスや資本を遠ざけてしまう可能性があるので、それについて触れないほうがよいという誤った立場をとる多くの人びと、団体、および商業的利害関係者の姿勢だった。この考え方は地震に関するニュースと簡単なコメントに対しても意図的な抑圧を招いた。

一九〇六年四月の地震の直後に計画された行動は、あの大惨事についてのすべての発言を封じる目的をもってほとんど協調行動といえるような傾向が一般的にあった。数人の地質学者が、市民や企業に地震に関する情報収集に関心をもってもらおうと努力したときも、そんな情報を収集しないようにとの要請を何度も繰り返し受け、そして何よりもそれを公表しないようにとの勧告まで受けた。「忘れてしまえ」「言わなければ言わないほど、早く復興できる」、そして「地震なんかなかった」というのがあらゆる方面から聞こえてきた意見だった。

この問題に対してこういった見方をする人びとの慈善的な感情と意思があることに間違いはなく、地震はすべて恐るべき出来事なのだというカリフォルニア以外のこの国に広く流布している、一般的だが間違った考えの中にその見方に対する合理的な言い訳がある。しかし科学に関心をもつ人びとにとっては、そのような姿勢は間違っているだけではなく、最も不幸で、許しがたく、耐えがたい、そして遅かれ早かれ混乱と破滅につながるものでしかないことは言うまでもない。

近代地震学の誕生

一九〇六年のサンフランシスコ地震はもうひとつの意味で重要な画期的出来事になっている。近代的な科学的手法を使って徹底的に研究された最初の地震のひとつだったし、その研究の中での発見が地震学の基礎を形成したのだ。この研究に着手するために、カリフォルニア州知事は地質学者と地球物理学者からなる専門家会議を選任した。州地震調査委員会が、有名な地質学者でカリフォルニア大学バークレー校の教授であったアンドリュー・ローソン（第22章参照）の指揮の下に設立された。ローソンの委員会はこの大地震をあらゆる角度から検討し、ジョンズ・ホプキンス大学の地震学者ハリー・フィールディング・リードとの共同編集で二冊の報告書を作成した。一九〇八年に公表されたこの報告書は『州地震調査委員会報告書 *The Report of the State Earthquake Commission*』とよばれ、三〇〇ページ以上の長さに及んだ。

報告書の著者には当時の地質学と地球物理学の精鋭が多数含まれていた。その中の一人がアメリカ地質調査所のグローブ・カール・ギルバートで、その多くの発見には一世紀を経た今でも感銘を受ける。地震が発生したとき、彼はたまたまバークレーにいた。何日間もサンフランシスコに入れなかったので、ベイエリアの他の地域に移動し、トマレス湾からベイエリア南部とサン・ホアン・バティスタまで断層の変位の地質調査と写真撮影を行った（図23・2A）。最も衝撃的な写真はカリフォルニア州オレマ付近の塀の写真で、そのずれによって断層に沿った水平方向の大きな運動が見て取れる（図23・2B）。

▲**図 23.2**　1906 年の地震の後、グローブ・カール・ギルバートによって撮影されたサンフランシスコ湾北部での被害の写真
A：地割れ（スケールとしてギルバートの妻が写っている）
B：カリフォルニア州オレマ付近の有名なずれた塀

ハリー・リードはサンフランシスコ地震を利用して、今日でも認められている地震の弾性反発説〔訳註：地震発生メカニズムのひとつで、震源の両側で互いに逆向きの力が働いて、岩石が弾性変形を受け、破壊限界に達すると剪断変形、すなわち地震が発生するとする考え〕を提唱した。他の委員会メンバーはカリフォルニア州の地震学者グループの草分け的存在になった。ジョン・C・ブランナーはスタンフォード大学地質学教室を創設し、のちにスタンフォード大学の学長に任命された。H・O・ウッドはカリフォルニア工科大学に地震学研究室を創設した。F・E・マティスはヨセミテやその他の国立公園を含む多数の地域の地形図を作成した。G・デビッドソンはアメリカ地震学会の初代会長となった。ただ一人の外国人メンバー、大森房吉は日本で最も名高い地震学者の一人になった。

優れた地質学者と地震学者総出の陣容は、建造物への地震の影響と、地震がどのように感じられたのかだけではなく、物理的影響、とくに断層によるずれと地表の破断についても詳しく記載された素晴らしい報告書をまとめた。当時は断層が地震を起こした原因だとはまだ証明されていなかったが、一九〇八年の報告書はこの疑問をきっぱりと解決した。

委員会はトマレス湾の北のデルガーダ岬からサン・ホアン・バティスタまでの全区間にわたって断層による断裂を追跡し、パームスプリングス近くのホワイトウォーター渓谷のような南のほうでの影響についても言及した。委員会のメンバーは、これらすべての活動をサンアンドレアス断層に関連づけ、その運動の大部分が鉛直方向のずれよりも水平方向のずれ（水平面内でのみ変位する断層）だと考えたわけではなかったが、カリフォルニア州の海岸山地にはオークランド市直下のヘイワード断層やパームスプリングスの西のサン・ジャシント断層のような断層が数多く分布していることを認めた。

また彼らは地震による地すべりや隆起・沈降した岩盤など、多くの関連した現象も記録し、建築物の被害状況の地図を作成し、当時入手可能だった数少ない地震計の説明と地震波の解析結果、過去のカリフォルニア州での地震について解説した。主にリードによって執筆された報告書の第二部では、地震発生の弾性反発理論が提案されただけではなく、地震の地球物理学的な基礎を構築した。要するに州地震調査委員会の報告書は現代の地震学の大部分の基礎になったのだ。

一九〇八年の研究以来、地震学の手法が改良されて、さらにもっとたくさんのことが明らかにされた。最も広く受け入れられているサンフランシスコ地震の規模の推定値は、マグニチュード七・八だ。主な震源はマッセル・ロック付近の約三キロメートル沖合で、サンアンドレアス断層に沿って全長四七七キロメートルの区間で北へも南へも破壊を起こした。

二〇〇六年、地震学界はサンフランシスコ地震発生一〇〇年を記念して、多くの学術的な会議を開いたり、出版物を刊行するなどした。集まった科学者からの圧倒的多数のメッセージは、危険が過去のものではないというものだった。一九八九年のロマ・プリータ地震は一九〇六年のサンアンドレアス断層のすぐ南の延長線上で発生し、サンフランシスコ市を破壊して甚大な被害をもたらした（ベイブリッジの支柱の崩壊、マリーナ地区の多くの家屋の沈下と火災など）。サンフランシスコ湾東部沿いの主要な断層、とくにヘイワード断層はとりわけ危険だと考えられている。要するに、サンフランシスコ市の地震の危険は終わっていないのだ。巨大地震は長年の懸案で、それは人口と社会基盤の激増によって、一九〇六年の地震よりもはるかに壊滅的なものになるだろう。

地震神話

「地震」とか「断層」という言葉を誰かに話す場合（とくにカリフォルニア州で）、最初に思い浮かぶのはサンアンドレアス断層だ。何年にもわたるその大きな地震の広報活動、加えて間違った科学に満ちた恐怖映画のせいで、それは世界で最も有名な断層だ。

残念ながら、大多数の人びとがカリフォルニア地震とサンアンドレアス断層について知っていると思っていることは、まったく真実ではない。第一に、カリフォルニア州は海に沈んでいこうとしているのではない。断層は水平方向に運動しており、断層の西側（太平洋プレート）が東側（北アメリカプレート）に対して相対的に北西向きに動いているのだ。断層が運動するときはいつも太平洋プレートが、平均すると人の爪が伸びるのとほぼ同じ速さで北西向きに動くのだ。つまり、ほんの数センチメートル動くこともあれば、一〇メートル以上にはね上がる場合もあるということだ。五〇〇〇万年後には、ロサンゼルス市はサンフランシスコ市の隣になり、最終的には全体はアラスカ州南部につっこんでいくことになる。

第二に断層とは、二〇一五年公開のドウェイン・ジョンソン主演の「カリフォルニア・ダウン」（原題：サンアンドレアス）や一九七四年公開のチャールトン・ヘストン主演の「大地震」のような興味本位で非科学的な映画で描かれているようなものではない。巨大津波は発生しないだろうし（サンアンドレアス断層と関連した断層はほとんどつねに陸地にあるので、海水が変位して津波を発生させることはない)、一分以上続く揺れはないし、これらの映画で描かれているような壮観だが想像されたにすぎない影響もないのだ。

一九七八年、クリストファー・リーブ主演の映画「スーパーマン」にみられるような、底に溶岩がある大きな地割れはありえないだろう。断層線が直線状の長い窪みとしてみられるだけで、断層が運動するまでそれは目に見えない。地震の後にみられる地割れは、ふつうもともとの断層線から遠く離れたところにできるブロック間のすき間を開かせる地すべりによるものだけだ。サンアンドレアスのような断層は、両側の岩石をゆっくりと粉砕して風化を早めるため、直線状の長い窪み(断層面が水をせき止めるような小さな陥没池を若干ともなうことが多い)が見えるだけだ。カリフォルニア州の地質学者はこのパターンをたびたび見ているので、別の方法で説明されない限りは、あらゆる直線状の長い窪みを断層地形だと考えてしまう。

伝説と勘違いがさらに続く。「地震天気」のようなものは存在しない。あらゆる地域での地震をていねいに解析すると、地震はいつでも、どんな季節でも、また暑い日、寒い日、また一日の中の特定の時間帯を選ぶことなく発生しうることが明らかになっている。これは、気温の日変化は地表から数メートル以深の地下では感知されないのに対して、地震は何キロメートルもの地下で発生するからである。

もっと厄介なことは、とくにアメリカでの地震への過剰反応と不合理な恐怖心だ。落雷やヘビに咬まれて死亡する可能性のほうがずっと高いのに、大多数の人びとはどんな自然災害よりも地震を恐れるのだ。アメリカでは、地震による死亡者数は、落雷やヘビ咬傷のようなまれにしか起きない出来事よりも少ない(年間六人未満)。飛び抜けて致死率が高い自然災害は熱波や暴風雪のようなごくふつうに発生するものであり、これらはアメリカでは群を抜いて最悪の死亡原因になる。こうした災害の次には、ハリケーン、竜巻、洪水が僅差で並んでいる。それでも人びとは暴風雪の中を出かけるし、熱波の間に自らを死に至らしめる馬鹿なことをする。彼らはこうした災害の恐怖に麻痺しているわけではないが、それでも地震のような比較的死亡することが少ない災害が発生すると理性を欠いた行動をとってしまう。

これはどうしてだろうか？　理由のひとつは、他の災害（気象が関係する）とは違って、地震がまったく予測不可能だからだ。地震は予測可能だと言うほら吹きがいるが、五〇年以上の経験から、二つとして同じ地震はなく、あるタイプの地震を警告する前兆現象は、前兆現象を伴わない別のタイプの地震に対しては役に立たないということを地震学者は学んだ。対照的に暴風雪、ハリケーン、竜巻、洪水は天気予報からある程度の準備ができるので、これらの現象はそれほど恐ろしいものではない。別の要因とは、われわれの足元の大地がじつはしっかりしたものではなく、われわれを骨の髄まで揺さぶることに気づいた深層心理的なショックだ。

これは、地震が起きても致命的な危険にさらされるような場所はないということを意味するものではない。開発途上地域やその他、世界中の古くからある街では、建造物の多くは耐震補強されていない単純なレンガと漆喰でつくられた、地震多発地域では最悪な時代遅れの建物だ。認識不足と、木造建築（可能な限り最良の構造）や鉄筋建築という他の選択肢がないことの両方から、地震が起きやすい地域の大半に住む人びとは、こうした死の落とし穴ともいえる建物を建てなおし続けるのだ。トルコ、イラン、アルメニア、ネパール、中国、イタリアで大きな地震が起きて多くの人命が失われたという話を聞くのはこのためだ。しかしカリフォルニア州では、フィールド法（一九三三年のロングビーチ地震直後に成立〔訳註：主に公立学校建物の耐震設計を義務づけた法律〕）により、こうした建築物は違法とみなされ、州内のレンガと漆喰だけの建物は、揺れの際には互いを支え合う建物内部を通る鉄の筋交《すじか》いで補強しなければならない。これがカリフォルニア州やアメリカ国内のどこでも、地震の間でも死んだように安眠をむさぼっていられる理由だ。代わりに熱波や暴風雪、あるいは交通事故を心配しなくてはならないだろう！　これらの出来事は人間を死なせる可能性がはるかに高い。

巨大地震を引き起こすサンアンドレアス断層

サンフランシスコ地震が発生し、地震学が萌芽期にあった一九〇六年当時には、地震についての情報はほとんど知られていなかった。われわれが今ではサンフランシスコ地震以来一一一年間に蓄積した断層と地震に関する膨大な情報をもっていることは、科学がどの程度進歩してきたのか、そしてどれだけ学んできたのかを測るものさしだ。

サンアンドレアス断層は一八九五年にカリフォルニア大学バークレー校の地質学者、アンドリュー・ローソン〔訳註：第22章参照〕によって認識された。彼はサンフランシスコ地震を研究した一九〇六年の州地震調査委員会を率いた人物だ。彼は断層をサンアンドレアス湖ではなく（よく言われるように）、湖（その後、ラグーナ・デ・サンアンドレアス〈サンアンドレアス湖〉とよばれている）があるサンアンドレアス渓谷にちなんで命名した。一九〇六年のローソンの州地震調査委員会がサンフランシスコ地震の際のサンアンドレアス断層の運動を文書に記載した後、断層はベイエリアだけではなく、揺れの程度が小さかったカリフォルニア州南部まで追跡された。

次の数年間で地質学者はサンアンドレアス断層のさらに多くのセグメント〔訳註：一連の断層系に含まれるが、地質図スケールでは断層が不連続な区間〕の地質図を作成したが、サンアンドレアス断層がかなり長距離に延びることをのぞけば、他のどのような断層ともなんら変わりがないと考えた（図23・3A）。結局、断層はメンドシノ岬とグアララ地域から、レイズ岬までは沖合を通り、さらにサンフランシスコ地域の南部を斜めに横切って（大部分はデイリーシティーを通って）、シリコンバレーの西に向かい、サン・ホアン・バティスタの地下、そしてホリスターからパークフィールドの海岸山地、そしてカリーゾ平原を通過して、一三〇〇キロメートル以上にわたって追跡できる（図23・3B）。そこから断層はほぼ東西方向に曲がってトランスバース山地の北麓を横切り、カホン峠でサン・ガブリエル山地とサン・バーナディーノ山地の間に延びて、その後、サン・バーナディーノ、バニング、パームスプリングスへと延長し、最終的にはソルトン渓谷に入ってメキシコ国境まで延びる。

初期の地質図作成作業での最大の発見は、サンアンドレアス断層が一九〇六年のサンフランシスコ地震の原因だっただけではなく、他の重要な地震にも関係していたことだった。その中で最大の地震は、カリフォルニア州中部からフォート・テホン（グレープヴァインと州間高速道路五号線がテホン峠で断層を横切るところ）までの全長約三五〇キロメートルの断層の長い区間で破壊を起こした一八五七年のフォート・テホン地震だった。太平洋プレートがほんの数秒間で一〇メートルも北に移動して、渓谷や峠を横切る道路を完全に破壊した。今日もさらにたくさんの高速道路やその他の構造物が断層のこの区

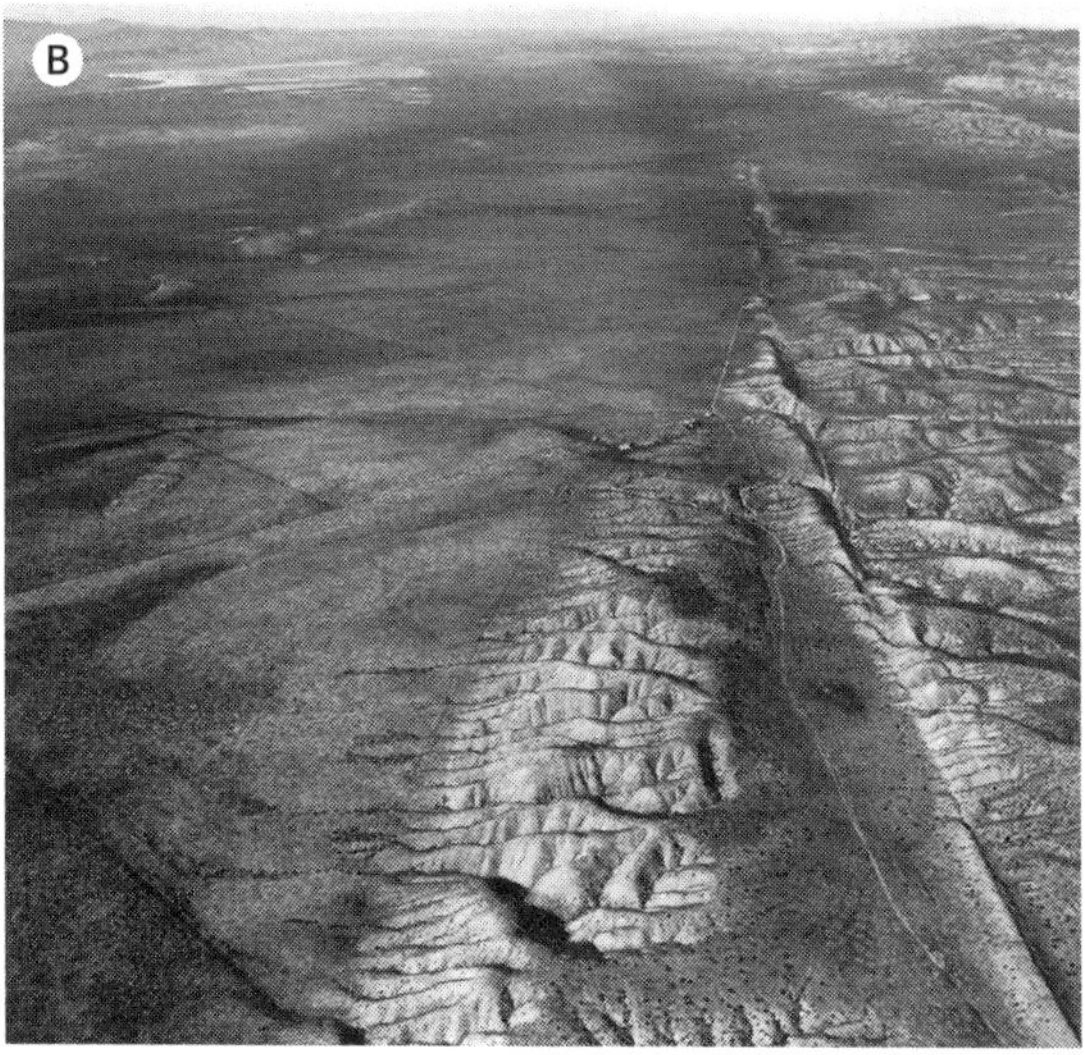

◀▲図 23.3
カリフォルニア州のサンアンドレアス断層
A：断層線沿いの主な地名を示した地図
B:空撮写真。カリーゾ平原では断層が簡単に見つかる。そこではくしゃくしゃになった丘陵を両側に伴って、長く直線状の断層崖が形成されている間を横切っている。この地震は、一九〇六年にサンフランシスコで発生したマグニチュード七・八の地震とほぼ同じ規模で、マグニチュード七・九だったと推定されているが、大きな都市を襲わなかったため、犠牲者はずっと少なかった。場合によっては、揺れがサンフランシスコ地震よりも長く、ほぼ三分間続いた可能性があった。

一八五七年、フォート・テホン（すべての日干しレンガの建物が崩壊した）には、若干の騎兵の陸軍兵士がいる、少数のスペイン人とメキシコ人の海岸沿いの古い町がいくつかあるだけで、カリフォルニア州南部では定住者はまだ疎《まば》らだった。それでも、サンタ・クルーズからベンチュラまでの間にあった歴史的なフランシスコ会の伝道所のいくつかと、現在のロサンゼルス市の下町のすぐ東にあるサン・ガブリエル伝道所など石造りの建物の多くが倒壊した。報告された犠牲者はわずか二名だけだったが、これは当時小さな建物に住んでいた集団が小さいことによるものだった。

それ以来、サンアンドレアス断層の延長部は静穏だった――あまりにも静穏だった〔映画の中で言われているように〕。大多数の地震学者は、断層のこのセグメントが「固定された」とみなしていて、小さな地震（カリフォルニア州中央部の海岸山地やソルトン湖で発生するような）をたくさん発生させつつも、断層が大きく運動することはないと考えていたが、巨大地震で歪みすべてを一気に解放するまでの間、サンアンドレアス断層は歪みを蓄積させていたのだ。

一九七〇年代と一九八〇年代に地震学者は、何世紀にもわたって、断層谷に堆積していた古い池の堆積物のトレンチ〔訳註：試験溝〕調査を行った。地震学者はパレットクリークで約二〇〇〇年前に遡る堆積物を発見することができた。地震学者たちはずっと古い時代の地震で変形し、地震の後に堆積した変形していない層でおおわれている堆積物をトレンチの壁面で見つけた。その堆積物に含まれていた炭化木片の放射性炭素年代測定によって、彼らはそれらの堆積物が形成された間に発生した地震の年代をしぼりこみ、地震の発生履歴を断層から明らかにすることができた。

これらの解析にもとづいて地震学者は、サンアンドレアス断層のこの延長部では、最終の二〇〇〇年間の断層運動を堆積物がおおっていることを明らかにした。年代測定の最初の段階では、地震発生間隔が一三七±八年だということがわかった。その後の研究では、地震発生間隔は一四五±八年だと述べている。二〇一七年がフォート・テホン地震から一六〇年になることを考えてみれば、地震学者がなぜサンアンドレアス断層のこの延長部を非常に気にしているかがわかるだろう。もしこの断層が活動すると、おそらく一八五七年のフォート・テホン地震のように数秒間に約一〇メートルのずれを生じるだろう。それは長い間カリフォルニア州南部の人びとが身構え、恐れてきた「巨大地震」になるだろう。

驚異的なすべり

一九〇六年のサンフランシスコ地震以後、地質学者は、サンアンドレアス断層とは長い活動期間の間にせいぜい二〇～三〇メートルのずれをもった、単に延長が大きい構造でしかないとみなしてきた。たしかにサンアンドレアス断層はたいへん延長が長い断層だが、そのすべりは並外れたものとは思えなかった。しかしこの単純な考えは、最も基本的な地質学的手法、いわば、簡便で昔ながらの地質図作成作業によって大きく揺らいでしまった。そしてこれを発見した人びとは、それまでで最も素晴らしい地質学者の中にいた。

その一人が六〇年以上地質図作成作業を続けてきたトム・ディブリーだ。二〇〇四年に彼は九三歳で死去したが、若い頃のように機敏に動くことはできないものの、八〇代の後半になっても地質図を作成していた。私は何度か彼に会い会話することができたのは幸運だった。サンタ・バーバラ砦の初代メキシコ人司令官の子孫だったトムは、サンタ・バーバラ郡西部の丘にあるサン・ジュリアン牧場で育った。ある石油地質学者が有望な石油産出構造を見つけようとこの牧場を訪れたとき、彼は若いトム（当時は高校生だった）に地質学への興味を抱かせた。

トムは一九三六年にスタンフォード大学で地質学の学位を獲得し、カリフォルニア州鉱山地質局に勤務して、水銀鉱床やその他の探査計画でたくさんの報告書を作成した。やがて彼はユニオン・オイル・カンパニー社とリッチフィールド・オイル社（現在のアトランティック・リッチフィールド社）に勤め、テンブロー、カリエンテ、サン・エミディオ、南部ダイアブロ山地、カリーゾ平原、クヤマ、サリーナス、インペリアル渓谷、サンタ・クルーズ山地、イールリバー地域そのほかオレゴン州西部とワシントン州の各地で先駆けとなる地質図作成を行い、大きな油田を発見した。

一九五二年、トムはアメリカ地質調査所に入り、一九六七年までモハーベ砂漠の基本的な地質図作成を命ぜられ、それまでの誰よりも多くの露頭を調査して、誰よりも多くの発見をした。そのプロジェクトが終了すると、次に彼はカリフォルニア州の海岸山地各地で地質図を作成し続け、一九七七年に地質調査所を退職したあともアメリカ林野局のためにカリフォルニア州沿岸の約七八〇〇平方キロメートルの地質図を作成した。合計すると、この一人の人間がカリフォルニア州の約四分の一、つまり約一〇万平方キロメートルの広さの地質図を作成したのだ。それはそれまでに作成された、そして今後作成されるであろうどの地質図の範囲よりも広いものだった。

トム・ディブリーとその技術にまつわる数々のエピソードがある。彼のスタミナは並外れたもので、七〇代から八〇代になっても、年齢が三分の一の人に比べて、より速く、より遠くまで歩くことができた。彼は概略的な地質図の作成だけに興味があったので、歩き回って地形図幅のごく狭い範囲を調査するのではなく、全体像の把握に適した道路の切り割りや山頂、尾根から全体を俯瞰して地質図を作成した。トムが観察したよりも、実際には詳細はもっと複雑だったことに後の地質学者が気づくこともたびたびあったが、これは必要な妥協だった――トム・ディブリーは細部ではなく、全体像の把握に力を注いでいたのだから。

ほとんどの場合、一週間の生活に十分な食料と水を持ってキャンプしながら、トム・ディブリーはたいへん人里離れた場所で地質図作成作業を行った。毎夜のキャンプサイトは彼のおんぼろ車だった。彼は片側のドアを開いて車の外につき出した板に足を乗せて、風を避けながら車の座席で眠った。調査地域のちょうど真ん中にある（町のホテルまで何マイルも車で戻ることはない）、この簡単なキャンプ設備によって、彼はわずかな費用で広い面積を踏破することができたのだ。わずかの予算で働かなくてはならなかった者にとってさえ、彼は有名な倹約家だった。トムが地質図作成計画全体でたった一四・九二ドル〔訳註：当時の為替レートで約三万円〕の支出明細書を提出したことに驚いたリッチフィールド・オイル社の上司の一人は、そんなにわずかな費用で生活していたとは想像もできないと言った。トムは

「おお、丘の上には食べたいものがたくさん見つかります」と答えた。

彼の概略的な地質図の利点が何であれ、カリフォルニア州の地質学者は誰でもトムの恩恵を受けながら研究を行った。何がわかっていて、何を解決する必要があるのかを理解するために、彼の地質図をコピーすることから研究が始まるのがふつうだった。幸運なことに、彼の死後、その多くの地質学者仲間や支援者が、着色された彼の地質図を印刷して保存し、いつでもオンラインで注文することができるディブリー地質学研究財団を設立した。

もう一人のカリフォルニア州の地質学者の大家は、友人たちには〝メイス〟として知られるメイソン・L・ヒルだった。カリフォルニア州ポモナで育ったヒルはポモナ・カレッジに入学し、そこで地質研究の大家、A・O・〝ウッディー〟・ウッドフォードが職業としての地質学にヒルを夢中にさせた。ウッディーの野外調査助手としてジャガイモの皮むきをしていたヒルは、一九二六年に大学を卒業し、ブラック・ホーク金鉱山、次にシェルオイル社で働き、その後クレアモント大学院とカリフォルニア大学バークレー校で大学院の学位を取得した。そこでヒルはサン・ガブリエル山地の地質についての最初の原著論文を書いた。彼はその後、ウィスコンシン大学に移り、そこで断層の運動メカニズムを専攻して一九三四年に博士号を取得した。

一九三六年にヒルはリッチフィールド・オイル社での仕事を始め、そこでトム・ディブリーと出会い、二人は何度も共同で仕事をした。ヒルは露出がよくない断層の「すべりの方向」を明らかにするためにトムの地質図を利用し――そしてその過程でヒルは現認できない衝上断層の下にたくさんの油田を発見した。残りの在職期間をリッチフィールド・オイル社で全うし、退職前に主任地質学者の地位に就いた。

アラスカのノーススロープ郡でいくつか最初の発見を行って、横ずれ断層という標準的な用語を提唱し、そして一九五四年にカリフォルニア州鉱山地質局から出版された紀要第一七〇号「南カリフォルニアの地質 The Geology of Southern California」の主要な執筆者になった。アトランティック・リッチフィールド社だけではなく、他のたくさんの専門的な組織で長年仕事をしたのち、一九六九年ついに引退した。

ディブリーとヒルは二人で、他のどんな人間が見てきたよりも、あるいは今後見るであろう以上にカリフォルニア州の地質を見てきた。一九五三年、彼らは並外れた結論に達し、画期的な論文を発表した。サンアンドレアス断層は、ジュラ紀（わずか一億四〇〇〇万年前）以後、二〇〇～三〇〇キロメートルも移動したというのだ。彼ら以前のほとんどの地質学者は、断層のずれはせいぜい四～五キロメートルにすぎないと主張していた。

ヒルとディブリーはどうやってこの驚くべき結論に達したのだろうか？　地質図を作成する作業の中で、ディブリーはサンアンドレアス断層の片側にはその反対側の岩石とぴったりと合致する岩石が分布していることに気づいた――しかしそれらは互いに一〇キロメートル近くも離れていた（図23・4）。一方、ヒルは断層解析の手法を使って、このような断層がどのように運動したのかを示す痕跡を見つけようとした。例えば、彼らは中新世後期（わずか七〇〇万年前）以降一〇〇キロメートルも隔たってしまった岩石、中新世前期（わずか約二〇〇〇万年前）以降に二八〇キロメートル隔たってしまった岩石、ジュラ紀後期（約一億五〇〇〇万年前）以降にざっと四八〇キロメートル隔たってしまった岩石が合致する例を発見した。サンアンドレアス断層の西側のカリフォルニア州のブロックをジュラ紀当時の位置に戻すと、断層は現在のメキシコとの国境のはるか南から運動が始まり、たいへんな距離を運動したことがわかることだろう。

当然ながら、大胆な仮説はたちまち大勢の地質学者からの反論を受けた。地質学者たちは断層の両側の岩石の類似性が明確であるか、またこれらの岩石の年代測定が正確であるかを疑った。しかし一九五三年以降、ヒルとディブリーの大胆な仮説を裏づける露頭がどんどん発見された。例えば、海岸山地中央部のピナクルズ国立公園の目を見張るような岩石（図23・5）は二三〇〇万年前に噴出した溶岩だ。それらは北東側がサンアンドレアス断層に断ち切られ、これと合致するのは三一三キロメートル以上離れたパームデールの西、モハーベ砂漠西部のニーナック火山岩なのだ。これらは二三〇〇万年間にこれだけの距離を移動した。

サンタ・クルーズの北にある始新世のブタノ砂岩は、約四〇〇〇万年間に約三五四キロメートル離れてしまったテンブロー山地のポイントオブロックス砂岩と合致する（図23・4）。サン・ガブリエル山地北部の始新世のペローナ片岩とそれに対応するソルトン湖東のオロコピア片岩の間にもほぼ同様のずれが発生している。カリフォルニア州中部のラ・パンツァ山地の暁新世の地層は、トランスバース山地のサン・フランシスキート層に合致する（図23・4）。

さらに古い時代の岩石を見てみると、岩石どうしのずれはさらにすごいことになっていた。アリーナ岬まで広がるグアララ山地の白亜紀の岩石はトランスバース山地の岩石に合致し、約一億年間に五一四キロメートル変位したことを示している。そしてグアララ山地のジュラ紀基盤岩はシエラネバダ山地の基盤岩と合致しており、一億四〇〇〇万年の間に五六〇キロメートル変位していることがわかる。

カリフォルニア州の西側半分がいかに遠くまで移動したのかというこの驚くべき話は、さらに多くの

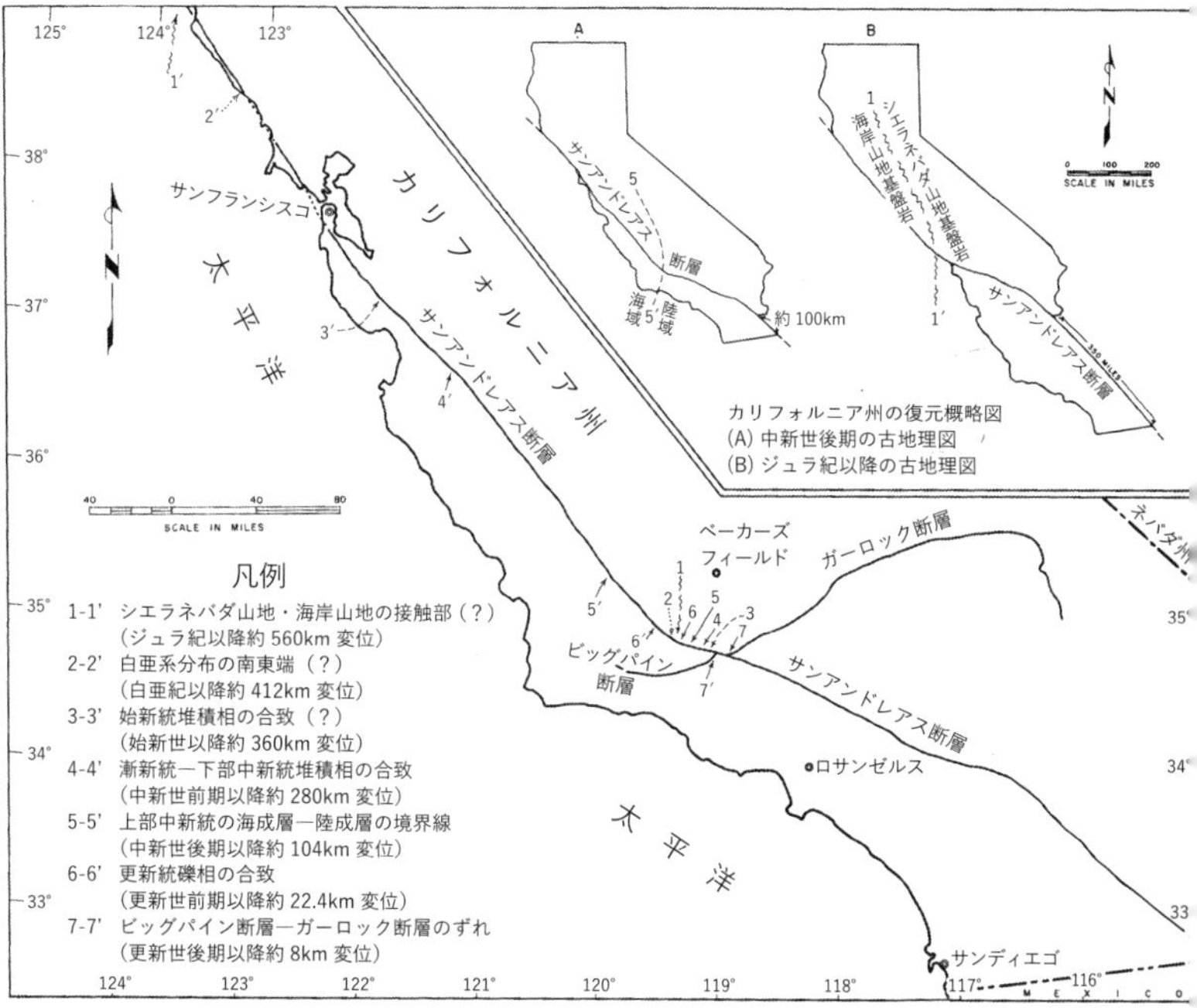

▲図 23.4 地質時代のさまざまな時期のサンアンドレアス断層沿いのいろいろな合致地点の移動

ジュラ紀（右上の挿図）には、カリフォルニア州西部の大半が現在のメキシコとの国境の南にあったことがわかる

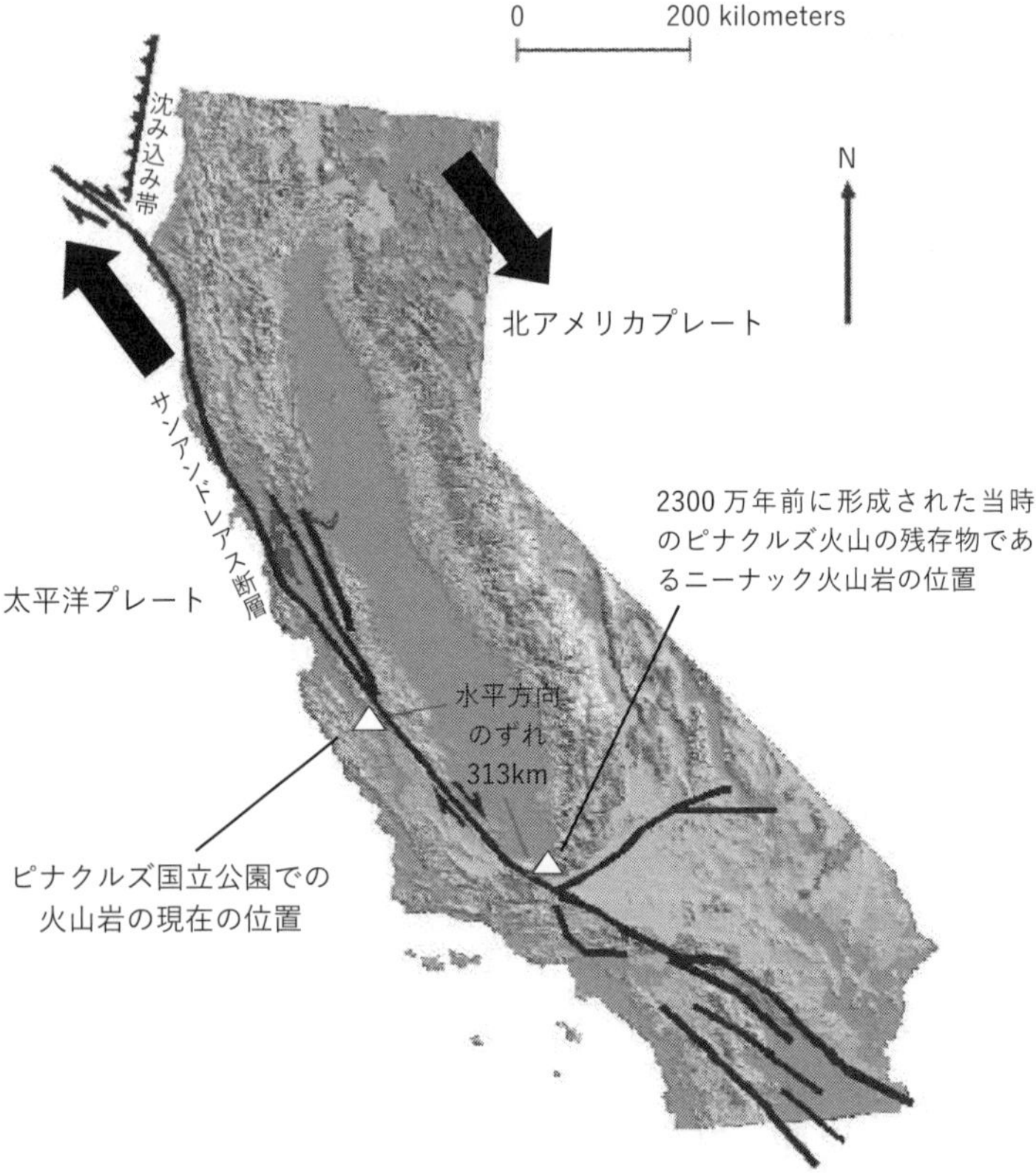

▲**図 23.5**　モハーベ砂漠に分布するニーナック火山岩に合致するピナクルズ国立公園の火山岩の変位

地質学者の調査によって証拠がどんどん強固になっていったにもかかわらず、一九五〇年代から一九六〇年代には受け入れがたかったようだ。断層の上でのそのような長距離の水平方向の動きや、また固定されているはずの動かない大陸地殻の上で数百キロメートルにわたってすべっていく山塊など誰も想像できなかった。しかしプレートテクトニクスの誕生ですべてが変わった。

中央海嶺と海溝をつなぐトランスフォーム断層——プレートテクトニクス理論の総仕上げ

プレートテクトニクス理論構築の初期、ケンブリッジ大学、ラモント・ドハティ地質研究所、プリンストン大学、スクリプス海洋研究所など最先端を行く少数の研究所では、独創性ある頭脳の相互交流が行われていた。一九六五年、彼ら全員がたまたまケンブリッジ大学に集まった。

カナダの地球物理学者、J・ツゾー・ウィルソンは、ケンブリッジ大学での長期有給休暇（サバティカル）を過ごしていた。同じ時期にフレデリック・ヴァインとドラモンド・マシューズは海洋底拡大と地磁気異常の問題に取り組んでいたし（第21章）、ハリー・ヘスはプリンストン大学からケンブリッジ大学を訪問しており、エドワード・ブラード卿は大陸どうしの合致を改訂してプレートが地球という球面の上をどのように運動するのかについての物理を理解しようとし、そしてダン・マッケンジー、ジョン・スクレイター、ロバート・パーカーのような才能あふれる研究者たちがケンブリッジ大学の研究生としてプレートテクトニクスの根幹にかかわる問題について研究していた。

ウィルソンはすでに一九六〇年に早くも大陸移動説に考えを転換し、一九六三年には太平洋プレートがマントル内に固定されているホットスポットの上を移動してハワイ諸島が形成されたことを明らかにした、後世に残る論文を発表した。現在のハワイ島はホットスポットの上にあって、現在なおキラウエア火山は噴火しているが、ハワイ諸島の島々は北西に向かって順に噴火年代が古くなっており、より古期の火山ではホットスポットの上を通り過ぎたときに噴火活動が停止してしまったことがわかっている。第17章では、ウィルソンが大西洋の両側に隔てられて分布する三葉虫や他の化石が、かつては閉じていたイアペタス海がやがて別の線に沿って再び開いたことの証拠になることにどのようにして気づいたのかを紹介した。

そしてウィルソンは、一九六五年にプレートがどのようにして相互に運動するのかを最初に理論的に解明した一人だった。ブラード、マッケンジー、そしてオーストラリアの地質学者、S・ウォーレン・ケアリー（地球膨張説を支持）の考えに触発されて、ウィルソンはプレート境界には三つの基本的なタイプがあることに気づいた。ヴァイン、マシューズそしてヘスは全員、海洋底が拡大する、すなわちプレートが両側に引き離される場についての考えを進展させた（第21章）。海洋底拡大は中央海嶺で発生するのがふつうで、一九六五年にはその理解がいっそう深まった。ホームズ、ヘスと他の数人（第22章）は、プレートが衝突して、一方のプレートがもう一方の下に下降していく仮説も推論していた。

しかし、地球上のある部分の中央海嶺から新しいプレートが生産され、地球上の別の部分の海溝で終焉に向かってゆっくり移動していくのであれば、プレートどうしが拡大も衝突もせず、互いにすれちがうだけの第三のプレート境界がなければならないということにウィルソンは気づいた。このプレート境界は、プレートをある場所から別の場所に移動させるか、「転換」させる性質があるので、ウィルソンによってトランスフォーム境界と名づけられた。その運動は多くの場合、鉛直方向の運動をほとんど伴わない水平移動であって、拡大や衝突はなく、隣り合うプレートどうしがすれちがうだけだ。急速に登場してきたプレート境界の地図を眺めて、ウィルソンは中央海嶺の大部分が海嶺をずらせる断層で区切られた短いセグメントをもっていることに気づいた。それらは彼が提唱したトランスフォーム断層の最初の事例だった。また彼はプレートが地球という球面の上を回転するときのプレート運動の差を調整するために、なぜこれらのトランスフォーム断層が中央海嶺になければならないかという理由を明らかにした。

しかしウィルソンはさらに深く考え、地球上にはそれまで謎だった大規模な横ずれ断層の例がたくさんあることに気づいた。どの場合も、トランスフォーム断層は拡大する二つの海嶺をつないだり、またはひとつの海嶺とひとつの海溝をつないだりするなど、二つの異なった運動形式のプレート境界を連結するものだった。ウィルソンは相互に作用し合う三種類のプレート境界のすべてのありうる幾何学的パターンと、それらの実在する例を示した。

次にウィルソンは、サンアンドレアス断層という謎の中の謎について考えた〔図23・3A〕。予想していたとおり、サンアンドレアス断層が南アメリカの西海岸からカリフォルニア湾中央部に延びる東太平洋海膨の北端に始まっていることをウィルソンは明らかにした。サンアンドレアス断層は、別の海嶺〔訳註：ゴルダ海嶺とファン・デ・フーカ海嶺〕をメンドシノ岬のトランスフォーム断層系〔訳註：ブランコ断裂帯とメンドシノ断裂帯〕に連結させて、東太平洋海膨の拡大を横ずれ運動に転換していたのだ。

一九五三年にヒルとディブリーが提唱した途方もない横ずれ運動は突然意味をもった。その運動は地球の表面を水平移動しているプレート運動の直接的な結果であり、サンアンドレアス断層は、北西に向かって移動しながらアリューシャン列島と西太平洋のすべての沈み込み帯に沈み込みつつある太平洋プレートの水平運動を転換するトランスフォーム断層なのである。

謎は解けた。

第24章

地中海、干上がる
地中海は砂漠だった

われわれは海と結びついている。そして航海であろうと、眺めるだけだろうと、海に帰って行くことはわれわれが生まれた場所への回帰だ。

——ジョン・F・ケネディ

廃墟の灰燼から

一九四〇年代後半から一九五〇年代初頭、海洋地質学の分野は飛躍的に発展した。ニューヨークのラモント・ドハティ地質研究所、マサチューセッツのウッズホール海洋研究所、スクリプス海洋研究所の海洋調査船は、海洋に関するどんな情報でも収集し、全世界をめぐる三〇年以上の調査航海の歴史の初期段階にあった。毎年、海洋はその秘密を打ち明け始めた。その水温と化学的性質は各水深での海水試料を用いて日常的に測定された。海洋の深さと形態は音響測深とソナーによってしだいに明らかにされていった。浅海部の構造は船尾の後方にダイナマイトを投入し、海底下の堆積層から反響してくる音波を解析して明らかにされた。ピストンコアラーとよばれる長い鋼鉄製のチューブを海底の堆積物につき立てて、一〇メートルの長さに及ぶ円筒状のコア試料が採集された——しかし当時はそれ以上の長さにはならなかった。研究者たちがさらに長い試料採集用の鋼鉄製チューブの投下を試みるといつも問題にぶつかり、そのため堆積記録は比較的短く、またごく最近のもので、ほとんどが氷期堆積物の最終の一〇〇万年を記録するものだった。

この間、六〇年以上にわたって地震学者は、地震計に現れる大地震の地震波を使って地球内部の構造を明らかにしてきた。地震波が屈曲することを念頭に置いて、彼らは核とマントルの構造、各層の温度と密度、そして外核が液体だということを明らかにした。

最初の発見のひとつは一九〇九年、クロアチアの地震学者アンドリア・モホロビチッチによるものだった。マントルと地殻の上部から伝わる地震波の走時記録を見て、彼は地殻中だけを通ってきた地震波と、一度マントルに到達したあと、地震計に記録される前に再び地殻を通過した地震波の速度に大きな違いがあることに気づいた。このような地震波が発生する深さを計算して、モホロビチッチは地殻と最上部マントルの間には密度のはっきりした違い、すなわち、明瞭な境界面があるに違いないと断定した。その後、地震学者はこの発見を確かめ、地殻とマントルの間にあるこの明確な境界面はモホロビチッチ不連続面として知られるようになった。この名称は長くて言いにくいので地震学者は短く「モホ面」とよんでいる。

一九四〇年代の後半、地震学者は世界各地で地殻の厚さを確定した。その結果、海洋地殻は比較的薄く、マントルの上に載っている地殻がわずか約一〇キロメートルでしかないことを発見した。一方、大陸地殻は厚さが五〇～一五〇キロメートルの範囲に及び、海洋地殻に比べると少なくとも五～一五倍は厚かった。要するに、掘削によってマントルの試料を採集しようとするなら、最善の策は海洋地殻の最も薄い部分を掘削することだろう。

これは有名な海洋地球物理学者ウォルター・ムンクの興味をかき立てた考えだった（図24・1）。一九一七年、ウィーンに生まれたムンクは、銀行業を一生の職業にする準備としてニューヨークの学校に送られた。しかし、若いムンクは銀行業を嫌い、コロンビア大学に入学した。その後カリフォルニア工科大学に転校し、一九三九年に物理学で学士号、一九四〇年に地球物理学で修士号を取得した。彼はスクリプス海洋研究所で博士課程の研究を始めたが、第二次世界大戦が始まると軍隊を志願した。しかしアメリカ軍は彼の海洋学の専門知識を貴重な能力とみなして、ムンクは連合軍の北アフリカと太平洋やノルマンディーへの大規模上陸作戦にとって理想的な干満や波浪の状況の決定を支援する研究グループに勤務した。

二〇〇九年にムンクは、「ノルマンディー上陸作戦は、気象条件がたいへん悪かったこと、そしてこの地域に卓越する波浪の条件のためにアイゼンハワー司令官によって上陸が二四時間延期されたことを諸君は知らないかもしれない。そして、状況が好ましいものではなかったことは事実だが、もし二週間後の次の潮汐の周期を待っているとなくなってしまう意外性を失うよりは、いますぐに決行するほうがよいとアイゼンハワー司令官は決断したのだ」と述べた。またムンクはビキニ環礁での水爆の実験に影響することが予想される卓越潮流や風の状態について、軍部に助言をするうえでも重要な立場にいた。

▲図 24.1　2010年に地球科学の「ノーベル賞」といわれるクラフォード賞を受賞したウォルター・ムンク

戦後、ムンクは大学院に戻り、一九四七年にカリフォルニア大学ロサンゼルス校で博士号を取得し、その後、スクリプス海洋研究所の教員スタッフに加わって職歴を全うした。彼はスクリプス海洋研究所の地球物理学・宇宙物理学研究部門の設立に尽力し、多くの海洋調査航海に参加した。ムンクの多くの発見の中で最も重要なもののひとつは、地球の貿易風が、ガイア〔訳註：海流や大気の時計回りの大規模循環系〕とよばれる温帯海域と熱帯海域での巨大な渦巻き状の海水循環をどのようにして動かしているかを明らかにしたことだった。彼はまた、地球に対して月が潮汐力によって固定されており、そのため同じ面をつねに地球に向けているのだと主張した。しかし、彼の最大の業績は波浪予報の科学を進歩させたことだった。

ムンクの最も野心的なプロジェクト（プリンストン大学のハリー・ヘスと共同で）は、海底を掘削してマントルに到達しようとする試みだった。一九五二年、ヘスとムンクはある科学研究計画の利点や実行可能性について政府に助言するアメリカ雑学協会という科学者グループ（ラモント・ドハティ地質研究所所長モーリス・〝ドク〟・ユーイング、スクリプス海洋研究所所長ロジャー・レヴェルを含む）を立ち上げた。一九五六年、これらの著名人たちは大胆な構想を実現させるために石油会社（コンチネンタル石油、ユニオン石油、スペリオル石油、シェル石油、あるいはＣＵＳＳ《カス》〔訳註：これら石油四社の社名の頭文字をとった略称〕）の共同出資を募った。その構想とは洋上の調査船から海洋地殻を掘削してマントルに到達しようという試みだった。結局、計画はＣＵＳＳ共同事業体と連携して作業する、創設間もない全米科学財団に引き継がれた。「モホール計画」（「モホ面への掘削ホール」というニックネームでよばれたその計画は、ソ連の最初の人工衛星スプートニクの発射に呼応してやはり一九五七年に始まった宇宙開発競争と同じくらい大がかりな計画だった。

スクリプス海洋研究所の近くでの試験航海の後、一九六一年三月にメキシコのグアダルーペ島沖合で最初の掘削が始まった。彼らはロサンゼルスのグローバル・マリーン社と契約を結び、時代の先端をいく海洋掘削船ＣＵＳＳ一号を使った。この船は新しい油田探査の目的で海底を掘削するために石油会社が共同で建造した最初の掘削船で、当時個別の石油会社ではなしえなかったことだ。

全米科学財団とＣＵＳＳ共同事業体の連携は双方にとって有益だった。科学者たちは研究成果という報酬を手に入れ、利用の可能性をもつ沖合の新たな資源を探査した。海底に到達するまでにはなんとかうまく通過する必要がある三六〇〇メートルもの水塊があったが、掘削はやりがいのあるものだった。五地点の掘削孔で掘削が行われ、最深の掘削孔は深さ一八三メートルだった。しかし、彼らは掘削孔の底部で厚さわずか一四メートルの海洋地殻の玄武岩を採集したにすぎなかった。掘削全体は、海洋掘削が可能であるかどうかをみるための試験的な段階として計画されていたので、最初の航海でさらに深部を掘削しようという意図はなかった。しかしモホール計画に再挑戦の機会はなかった。政治が計画を阻んだ。プロジェクトの運営責任が全米科学財団に移行したとき、アメリカ雑学協会は解体して多くの難しい問題がもち上がり、議会は予算執行を停止した。モホール計画は失敗したとみなされた。

成功のバラを育てよう

〔訳註：一九六八年製作の英米合作ミュージカル「チキ・チキ・バン・バン」挿入歌の一節〕

しかし、硬い玄武岩の掘削からは別のことが明らかになった。最初の試験掘削のコアの上部一五九メートルは、中新世の深海成の泥やプランクトンの殻からなる柔らかい堆積物だった。この深海コア試料は、鋼鉄製チューブを調査船から投下して得られる通常のピストンコア試料採集では不可能だった海洋の堆積物を、大きく過去に遡った最初の堆積物記録になった。しかし一九六六年にはモホール計画は支持を失い、財政的支援もなくなり、研究者と石油会社は海洋堆積物の掘削がより容易で、より価値あるものだということを明らかにした共通の経験から離れていった。

しょせん石油会社は堆積岩に関心があるだけだった。なぜなら海洋堆積物は石油が形成され、貯留される場所だからだ。彼らは堆積物の下にある硬い玄武岩質溶岩に興味はなかったのだ。科学者たちは世界中の堆積物の掘削によって、何百万年間にも及ぶ海洋とその変遷のすべての詳しい歴史がもたらされることに気づいていた。非常に不完全で不連続な陸上の堆積記録とは違って、海洋表層から海底に沈降する泥とプランクトンの殻の堆積物は時間の欠損がほとんどなく、何百万年にもわたるほぼ連続した地球の歴史を明らかにしてくれるからだ。

一九六六年六月、スクリプス海洋研究所と石油会社の別の共同事業体は、全米科学財団と個別の石油会社が協賛する新しい研究プロジェクトを立ち上げた——深海掘削計画またはDSDPだ。一九六七年一〇月、彼らはCUSS一号よりも新しくて、より高機能のグローマー・チャレンジャー号といわれる調査船の建造を開始した（図24・2）。その船名は造船会社グローバル・マリーン（「グローマー」）は社名を短縮したもの）に由来する。また一八七二～一八七六年に、世界初の本格的な海洋探検航海で世界の海を航海したイギリスの帆船として有名な、HMSチャレンジャー号（訳註：HMSは艦船の国別または

▲図 24.2　初期の海洋掘削調査船グローマー・チャレンジャー号

種別ごとの略称を示す艦船接頭辞。イギリス海軍の場合のHMSはHis（Her）Majesty's Ship 国王（女王）陛下の船の意〕に敬意を表している。

一九六八年三月二三日に進水したグローマー・チャレンジャー号は、全長一二〇メートル、全幅二〇メートル、時速二二キロメートルで三カ月間の連続航海が可能だった。六〇メートルの掘削櫓を船上に備えており、水深六一〇〇メートルの深海で掘削を行い、最終的には厚さ八〇〇メートルの海底堆積物コアの採集を可能にしたドリルストリング〔訳註：船体の上下動を吸収し、ドリル先端部に一定の荷重をかけ続ける装置〕を海底に送り出すことができた。

グローマー・チャレンジャー号の歴史の中で最初の二度の航海は、あらゆるものがうまく作動することを確かめるためのメキシコ湾での試験航海だった。第三次航海が最初の本格的な科学プロジェクトで、当然ながら一九六八年当時の地質学での最新の仮説の検証を始めた。それは海洋底拡大が本当かどうかを検証することだった。科学者たちは南大西洋を航海し、大西洋中央海嶺の両側で一連のコア試料を掘削した。思っていたとおり、各コアの最下部の堆積物は海嶺から離れるにつれてどんどん年代が古くなり、それは海洋底が間違いなく拡大していることの証拠となった（第21章参照）。

一九八三年までにグローマー・チャレンジャー号は九六の個別の調査航海（「レグ」とよばれる）を行い、ほぼ一五年間、継続して運用された。この調査船はのべ六九万五六七〇キロメートルを航行して六二四の海底掘削地点で掘削を行い、一万九一一九のコア試料を回収した。この過程でグローマー・チャレンジャー号は、氷期の原因（第25章参照）から恐竜を死滅させた原因（第20章参照）、そして海流がどのように変化して過去一億五〇〇〇万年間の気候にどう影響したのかまで、あらゆる種類の謎を解決する驚嘆すべき全海洋の歴史記録を手に入れた。多くの人びとは、深海掘削計画を科学研究史上最も重要で、海洋地質学と海洋学では間違いなく最も重要なプロジェクトだとみなしている。

しかし、グローマー・チャレンジャー号は装備が劣化し、旧式になったので引退し、あっさりと解体されてスクラップになった。これは残念なことだった。科学研究の装置としてそれは、膨張する宇宙の研究に使われたウィルソン山の望遠鏡や現代のすべての核物理学を進歩させるのに使われたサイクロトロンと同じくらい歴史的に重要だったからだ。一九八五年にグローマー・チャレンジャー号は、より新しく、さらに高度な調査船ジョイデス・リゾリューション号に交代した。それ以降、この調査船は五七万二五七四キロメートル以上を航行して一一一の調査航海（レグ）を実施し、一七九七の掘削地点で掘

▲図 24.3　掘削調査船ちきゅう号

削を行って、三万五七七二を超えるコア試料を回収した。ジョイデス・リゾリューション号は今も運用されているが、三二年の就役を終えて半ば引退の状態にある。

　現在の海洋掘削は日本の大型調査船ちきゅう号によって行われている（図24・3）。建造は二〇〇二年に始まり、二〇〇七年に進水、掘削業務を開始した。不運なことに、二〇一一年の東北地方太平洋沖地震による津波で係留が外れて埠頭に衝突したときに損傷を受けた。

　ちきゅう号はとても大きく――全長二一〇メートル、全幅三八メートルで、掘削櫓の海面からの高さは一二〇メートルあり、自由の女神像やセントルイス市のゲートウエイ・アーチよりも高い――「ゴジラ丸」という異名がつけられている。ちきゅう号にはヘリコプター甲板があり、航続距離は二万七〇〇〇キロメートル以上である。乗組員一〇〇名を含めて二〇〇人が乗船可能で、水深一万メートル以上の深海底を掘削することができる。二〇一二年九月六日、ちきゅう号は、太平洋北西部の下北半島付近で海底下二一一一メートル以深まで掘削を行って試料を採集し、掘削深度の世界最深記録を樹立した。二〇一二年四月二七日、ちきゅう号は水深六八九八メートルの海底を掘削し、掘削地点の水深の世界記録を樹立した。その記録はまだ破られていない。

モホール計画に最終的な感謝の意を表しながら、ちきゅう号は近い将来マントルまで掘削を進める計画だ。

謎その1・進退窮まれり

世界で最も注目すべき場所のひとつは、シチリア島とイタリア本土の間にあるメッシーナ海峡だ。いちばん狭いところでは幅三・一キロメートル以下で、地中海の海生生物だけではなく、陸生生物にも大きな影響を与えている。海峡は珍しい海生生物（ときどき海表面に連れてこられる深海魚ホウライエソ）もいる隘路《あいろ》で、アフリカからシチリア島経由でヨーロッパに行き来するすべての渡り鳥の大事な通り道だ。春の移動時期には、ふつうは三〇〇種類ほどの渡り鳥が記録されていて、一回の移動時期に三万五〇〇〇羽の猛禽類も識別された。

海峡は古代の世界でも有名だった。イアーソンとアルゴナウタイの伝説やイソップ物語でふれられている。海峡に関する最古の記述のひとつは、オデュッセウスとその船乗りたちがどのようにして隘路を横切ったのかを述べているホメロスの『オデュッセイア』である。オデュッセウスたちは海峡のイタリア本土側でスキュラという六つの頭をもった怪物、シチリア島側では船を吸いこむカリビュディスという名の巨大な渦に遭遇した（図24・4）。海峡はとても狭くて無事に通過できる船はなかった。唯一の選択肢はどちらの危険に近づくかだった。

魔女キルケーの助言にしたがってオデュッセウスはスキュラの近くを航行することを選び、スキュラによって若干の船員を失ったが、巨大な渦から船を守った。ホメロスの不朽の詩では、キルケーはオデュッセウスに次のように語った。「スキュラが住む岩礁に航路をとれ——岩礁を通り過ぎよ——最高速で！　船員すべてを失うよりも、船員を六人失っても船を保っておくことのほうがずっとましだ」。そこでオデュッセウスがスキュラの岩礁に近づくと、怪物の頭がヘビのように曲がりくねって、甲板から六人の男たちをつかみあげた。『オデュッセイア』に書かれているように、

> スキュラが船員たちをつかんで岩礁に振り上げたとき、彼らはあえぎ身をよじった
> その洞窟の入り口で彼女は船員たちを生きたまま飲みこんでしまった
> 船員たちは悲鳴をあげ、腕を私のほうにつき出し
> 命がけの闘いの中で死んでいった

長年、古典文学を学んできた世代のおかげで、「スキュラとカリビュディスの間」は、好ましくない

▲**図 24.4**　スキュラとカリビュディスの間で舵を操る神話は、かつては厳しい選択の間で決定を下すことの一般的なたとえだった。例えば、この 1793 年のイギリスの風刺漫画は、ウィリアム・ピット首相に案内されてスキュラとカリビュディスの間を航行しているイギリスに見立てた洋上の小さな帆船を描いている。「憲法号という帆船が民主主義という名の巨岩と専制的な権力という名の巨大な渦潮の間を航行する」という副題が添えられている。ピット首相は「公共の福祉」と書かれた旗が立つ城に向かう小さな帆船、憲法号を操縦している。帆船は、サメまたはスキュラの番犬に見立てられたリチャード・ブリンズリー・シェリダン、チャールズ・ジェームズ・フォックス、ジョゼフ・プリーストリーに追われている

二つの選択肢から究極の選択を迫られることの慣用句になっている。似通った慣用句に、「ジレンマの角《つの》（板ばさみ状態）」「岩と難所の間（窮地に陥る）」「悪魔と深く青い海の間（絶体絶命）」「死と破滅の間で（にっちもさっちもいかない）」がある。

ホメロスの神話はあながち想像の産物ではなかった。イタリア側には、スキュラの伝説につながったかもしれない、ごつごつした岩石海岸に暗礁を含んだ浅瀬が多い。カラブリアの海岸にある有名な岩は「スキュラの岩」と呼ばれ、おそらく怪物が住んでいた高い絶壁と洞窟がある。カリビュディスはまったくの神話ではない。異常な海水の循環パターンと海峡の隘路を通る強い潮の流れで、海峡のシチリア島側には大きな渦がたびたび出現する。渦は、ギリシャのガレー船（訳註：地中海で広く用いられた主に櫂で進む軍用船）を飲みこめる二三メートルのカリビュディスほどには大きくはないが、渦は実際にあるし、ボートにとっては今日でも危険だ。

地質学者にとっては「メッシーナ」は別の意味がある。一八〇〇年代に、最初にメッシーナ海峡周辺のシチリア島地域を研究した地質学者は石膏と塩類でできた途方もなく厚い地層を発見した（図24・5）。これらは湖か海の堆積盆で水の蒸発によってできる鉱物で、わずか数センチメートルの厚さの塩類や石膏を沈殿させるには大量の海水を蒸発させる必要がある。ところによっては、塩類と石膏の堆積物は一五〇〇メートル以上の厚さがあって、それは膨大な量の海水が蒸発しなければならなかったことを意味している。塩類と石膏が古代世界の各地に船で輸送された価値の大きい産物だった頃、古くからシチリア島の島民はこれらの塩類堆積物を採掘していたのだ。

地質学者が最初にこれらの塩類堆積物を研究したとき、彼らはこれら堆積物がどのようにして形成さ

▲図 24.5　メッシーナ海峡にみられる海成泥層に挟まれた塩類と石膏の厚い堆積層

れたのかを説明できなかった。それでも、一八六七年に地質学者カール・マイヤー・アイマーがそれらについて詳しい研究を行って、重要な手がかりをいくつか発見した。彼は塩類堆積物の直上の地層から、淡水と海水の中間的な性質の汽水域の干潟で形成されたことを示す化石を発見した。さらに化石はこれらの塩類堆積物の年代が中新世最後期だったことも明確にした。

汽水成堆積層の直上には、透明度が高くて低温で、塩分濃度が正常な水塊で形成された深海成泥岩層があり、地表での蒸発作用で形成された堆積物をおおっていた。厚い蒸発岩〔訳註：主に塩湖などで蒸発作用によって無機的に沈殿した堆積岩〕層はヨーロッパの中新世の最後期、メッシニアン期の模式層になり、その上に重なる深海泥岩層は鮮新世最初期のザンクリアン期の模式層になった。

塩類と石膏からなる異常に厚い中新世後期の堆積層の多くの事例が次々と地中海の周辺から発見された。しかしそれらがどのようにしてできたのか、そしてなぜこの時期に大量の蒸発岩ができたのかを説明できる者はいなかった。

謎その2・ナイル川のグランドキャニオン

ナイル川は自然の強大な力だ。ケニアの高地とビクトリア湖から流れ始め、地中海にある河口まで六八五三キロメートルを流れる世界最長の河川である。その流路の下流側半分ではスーダン、エチオピア、エジプトの過酷な砂漠を流れ、水がない地域に生命をもたらしている。

源流部で大量の雨が降ると、降水は渓谷に巨大な洪水を発生させて、氾濫原にある小さな集落を一掃してしまう。洪水は新鮮なシルト径の砕屑物と有機物を氾濫原にもたらし、氾濫原の土壌を世界で最も肥沃なものにする。ナイル川とその肥沃な氾濫原の恩恵で、世界最古の文明のひとつが六〇〇〇年以上前の古代エジプトに成立した。ギリシャ時代の歴史家ヘロドトスが述べたように、「エジプトはナイル川の賜物だ」。何世紀にもわたって、エジプト人はその農業の豊かな恵みを手に入れるために、毎年起きるナイル川の洪水に対処しなくてはならなかった。彼らは数千年の間たいへんうまく対処してきた。ナイル川下流域にははっきりした三つの季節があり、エジプト暦はナイル川に深く関係したものだった。それは「洪水期」（アケト）、「作物成長期」（ペレト）、「乾期」（シェウム）だ。数千年の間、エジプトは大量の穀物を生産する古代世界の「穀倉地帯」だったし、もっと最近では有名なエジプト綿を生産していた。エジプト人は毎年の氾濫による人命と財産の喪失を甘んじて受け入れた。

一九五四年、エジプト軍はファールーク国王の腐敗した独裁政権に対してクーデターを起こし、エジプトを制圧した。軍隊の首脳部には野心あふれる将校、ガマール・アブドゥル＝ナーセルがいた。大きな野望をもち、カリスマ性のある指導者ナーセルは、自身を心の中で中東のすべてのイスラム国家の指導者だと思っていた。彼はまた冷戦の間は、アメリカ、イギリスなどの西側同盟国と、ソビエト連邦、中国などの共産圏に対処する中で、厳密な中立性を維持しようと努めた。援助が必要になったときには、最初はアメリカに顔を向けたが、アイゼンハワー大統領とアメリカ中央情報局長官ジョン・フォスター・ダレスは米軍の顧問とともに防衛目的の武器を供与することだけを望んだ。ナーセルはこの条件を拒否した。一九五五年にエジプトがイスラエルに侵攻し、関係がいっそう緊張したとき、ナーセルはニキータ・フルシチョフとソビエト連邦に援助を求めた。

一九五六年、ナイル川でのダム建設の資金調達のために、ナーセルは収益を得ようとスエズ運河を国有化した。これは世界恐慌のきっかけになった。イギリス、フランス、イスラエルがエジプトに侵攻し、スエズ運河をめぐって世界はほとんど戦争というところまでつき進んだが、最後にアメリカとソビエトが圧力を加え、ついに軍隊は撤退した。エジプトはそれ以来スエズ運河を支配してきた。

事態が沈静化した一九五八年、ソビエト連邦はアスワン・ハイ・ダムというアスワンでのダム建設への出資を約束した。ダム建設は一九六〇年に始まり、一九七〇年に完成した。ダムはいくつかの深刻な悪影響を及ぼした。最もひどいのはアブシンベルなどの素晴らしい古代エジプトの神殿の水没だった。一九六〇年、ユネスコの指導の下で遺跡の救済活動が始まり、ラムセス二世の巨大な石像をブロックに分割して、より標高の高い土地に移設し（図24・6A、B）、ダム湖（現在はナーセル湖と呼ばれている）

A

B

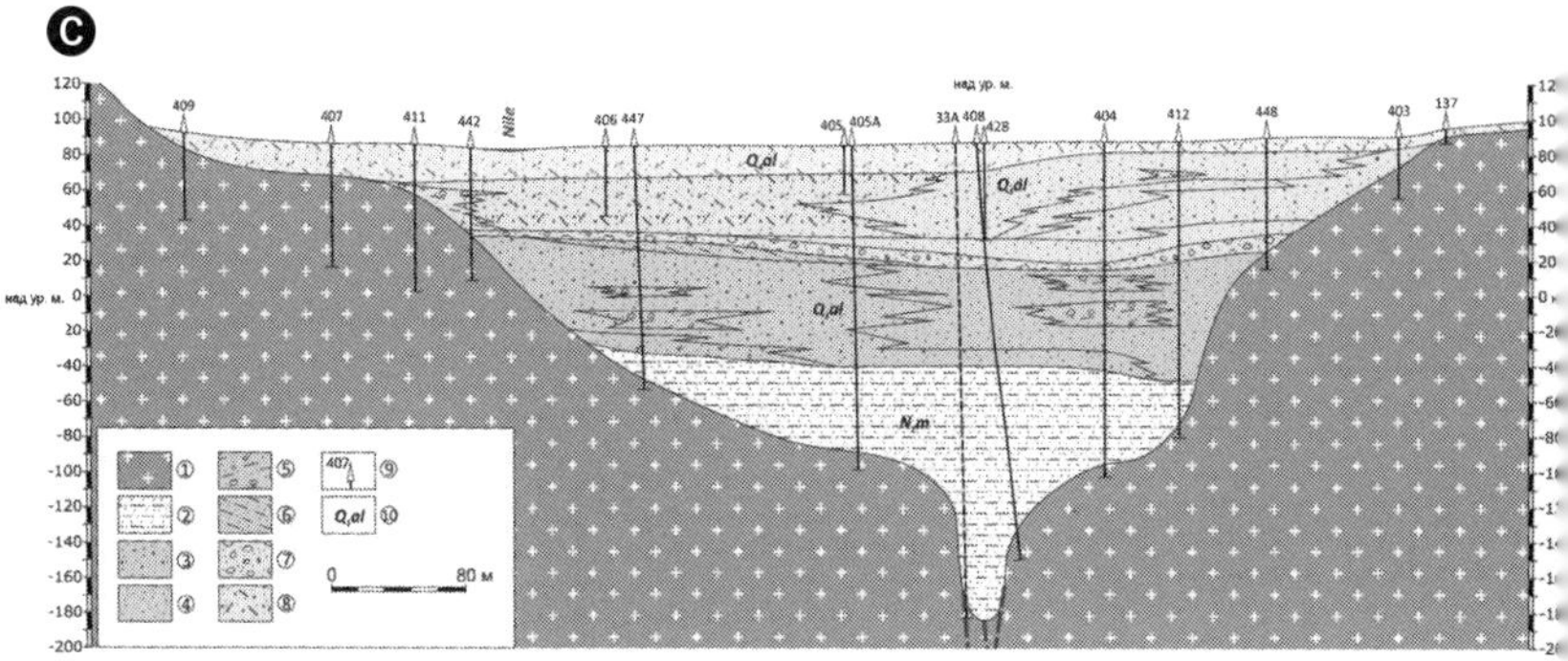

▲▶**図 24.6**　アスワン・ハイ・ダム建設の影響
A：高台に移設しなければならなかったアブシンベル神殿
B：移設作業中のラムセス２世の巨大な石像の一部
C：ナイル川の河床下の巨大な渓谷を示した横断面図。もとの図を作成した地質学者のロシア語表記によるもの

のほとりに神殿全体が再建された。フィラエ、カラブシャ、アマダの神殿も移設しなくてはならなかった。移設されたエジプトの神殿の中には、ニューヨークのメトロポリタン美術館に収蔵されている有名なデンドゥール神殿など、救済活動に協力した国に寄贈されたものもあった。

ダムは水力発電に加えて、洪水からの防御（エジプトとスーダンに疫病を発生させた）と、干ばつの場合には安定した水資源をもたらしたが、相当に高くついてしまった。ナイル川に例年の氾濫がなくなったことはすなわち肥沃な土壌がもはや毎年補給されなくなったことを意味し、結果として農業が打撃を被ってしまった。加えて、氾濫河川水の不足とナイル渓谷での高い蒸発率によって塩類が薄められることも洗い流されることもなく、土壌中の塩類が地表ににじみ出る結果となった。塩類が増えたために、重要な耕作地帯の多くで作物が育たなくなった。

堆積物の欠如はナイルデルタがもはや成長しないこと

も意味し、むしろ地中海の作用で侵食されつつある。代わりに河川の土砂はナーセル湖の底に堆積し、そのため湖がだんだん浅くなって詰まりつつあり、結局は役に立たなくなるだろう。ナイル川の水はもはや泥水ではなく、澄んだきれいな水は藻類の成長でいまや酸欠状態になって、エジプト全域の飲料水の水質に影響を及ぼしている。ナイルデルタと地中海沖の漁業は崩壊してしまった。要するに、とくにエジプトがアフリカで最も人口が多い国家であり、貧困と政治的不安定の問題で緊張にさらされているので、ナーセルのプロジェクトの経済的負担のほうが、ダムがもたらすどんな恩恵よりも上回っていると思う人が多い。

しかしアスワン・ハイ・ダムの建設はもうひとつの驚くべき結果をもたらした。ソビエトとエジプトの技術者は、ナイル渓谷が砂岩の崖に挟まれた起伏に富む狭隘部だったので、ダム建設予定地を厳選していた。やがて彼らはダムの基礎を固定できる硬い岩盤でできた渓谷の基盤岩を発見しようと試錐孔を掘削した。彼らはナイル渓谷を掘りに掘ったが、渓谷の基盤岩は見つかりそうになく、氾濫原をどんどん深く掘り進むにつれて、渓谷を埋めた堆積物がますます増えるだけだった。

一九六七年、ソビエトの地質学者イワン・S・チュマコフは、掘削コア試料が深海に由来する鮮新世の海生プランクトンに富んでいることに気づいた。彼らは海面下二〇〇〇〜三〇〇〇メートルの深さでようやく基盤岩に到達した！　カイロ市の地下を掘削したところ、基盤岩が氾濫原の表面から二五〇〇メートル以上も深いところにあることが明らかになった。地下の地層からの反射地震波を使った研究で地下にはグランドキャニオンに匹敵する規模の谷地形があることがわかった。意図せずして、ダム技術者はナイル渓谷がじつは現在の海水面下二五〇〇メートルの深さまで侵食が進み、堆積物で満たされた古代のグランドキャニオンのようなものだということに気づいたのだ（図24・6C）。

しかし、ナイル川が現在の海水面のずっと下まで深く侵食された原因は何だったのだろうか？　そしてナイル渓谷が深く侵食されたあと、それが堆積物で完全に埋められてしまったのはなぜだろうか？　もうひとつの謎が発見され、もうひとつのかけ離れたところにあるピースがパズルに加えられた。

謎その3・海底に開いた穴

数十年もの間、地震学者は地中海の海底の音響測深を行っていた。彼らは中新世から鮮新世と、さらにそれよりも古い時代に地中海が沈降したときの堆積層を読み取ることができた。中生代と新生代のほとんどの期間、地中海はジブラルタルからインドネシアに及ぶ広大なテチス海の一部だった。やがて中新世になると、アフリカとヨーロッパが衝突して（この衝突はアルプスの上昇の原因にもなった）、両者の間に働いた圧縮力で地中海地域は下向きに曲がったのだ。

しかし一九六一年、地震波反射断面から、強い音波がもたらすたいへん「明るい」反射層の存在が明らかになった。それは「M反射面」として知られるようになり、音響断面の大半を占める砂や泥の層とは密度が大きく違う物質でできていたので、最初のうち地震学者はその反射面が塩類堆積物による可能性があると思っていた。それはちょうど海底地形に沿っているが海底下に深く埋没しており、地中海全域を一面におおう層を形成していた。それはこの塩類堆積物がかつて海底全域に堆積し、その後により新しい堆積物でおおわれたことを示すものだった。

一九六七年、イタリアの地震学者、ジョルジョ・ルージェリは「M反射面」が塩類堆積物でできているだけではなく、以前からメッシーナ海峡で知られている塩類堆積物によるものだという見解を明らかにした。彼は地中海全体が一度干上がって巨大な塩類堆積盆になったという考えを示し、「メッシニアン期の塩分危機」という用語を提唱したが、彼の直感を確かめる直接的な証拠はなかった。

しかしこれは明らかに研究に値することだった。科学者たちはグローマー・チャレンジャー号――まだ一三回目の調査航海で、最初の航海からわずか二年目だった――を、地中海の海底を掘削し、M反射面とは何であるか、そしてルージェリが正しかったかどうかを調べる任務に就かせることを提案した。深海掘削計画のどの航海の場合とも同じく、第一三次航海は三人の責任科学者に率いられた大勢の科学者たちを乗船させていた。その一人は微古生物学の主任研究者マリア・B・チータだった。二人目はカリフォルニアのメランジュ（第22章）の成因を解明するなど、多くの研究分野を切り拓いた中国生まれの堆積学者、ケン・シューだ。現在彼は八八歳で、そのすべての重要な業績に対して、ロンドン地質学会のウォラストン・メダルやアメリカ地質学会のペンローズ・メダルなど、地球科学分野のほとんどすべての栄誉が授けられている。

三人目は、研究の関心が地球物理学、海底地形断面の描画、試料掘削に集中していた海洋地球物理学者のウィリアム・B・F・ライアンだった。ビル（ウィリアム）・ライアンは私がラモント・ドハティ地球観測所で大学院生だった一九七七年当時の海洋地質学の教授だったので、この話を直接聴くことができた。彼はラモント・ドハティ地球観測所の数多くの海洋調査に参加し、海底からより大量のデータを収集するのに役立つ音響測深、海洋測量、深海カメラ、ドレッジによる試料採集法などの技術を開発した。物静かで、控えめで、几帳面な人物であった彼はゆっくりと穏やかに話すが、その考えと研究倫理には並ぶものがない。講義中は落ち着いた静かな雰囲気で話すが、彼が最初に世界の深海平原の地形図を作成した経験を話したときのことを、私は今でもはっきりと記憶している。深海平原はたいへん平坦で広大なので、科学者たちは同一水深の測定値をつねに示す音響測深装置を装備して何日間も深海平原を航行するのだとわれわれに語ってくれた。

ケン、ビル、マリアはそれぞれ別の目標をもって航海に参加した。中新世後期に全ヨーロッパでよく知られている海水面低下の原因を探ること（シュー）、中新世‐鮮新世の良好な海成堆積物の連続層序を見つけ、地中海地域の海成堆積物の年代を改訂すること（チータ）、M反射面の意味と地中海の成因を明らかにすること（ライアン）。

一九七〇年のはじめ、グローマー・チャレンジャー号はポルトガルのリスボンを出航して、ジブラルタル海峡を通過し、バレアレス海（スペインとバレアレス諸島を含むサルディーニア島‐コルシカ島の間にある地中海の西半分）でさっそく掘削を開始した。最初の掘削地点（地点一二〇、一二一、一二二）はバレアレス海の西端で、ちょうどスペインの東海岸沖だった（図24・7）。更新世と鮮新世の厚い海成泥からなる一連の堆積物を掘削したあと、彼らは中新世と鮮新世の境界で、粗粒な河川堆積物、渓流からの鉄砲水堆積物、砂漠の涸れ川堆積物までもが地中海の深部に流れこんだことを示す厚い礫層に遭遇した。決定的ではなかったが、これらの堆積物は、バレアレス海の斜面上部がずっと海面下にあったのではなく、かつては山地から運搬されてきた砂や礫でできた扇状地だったということを強く示すも

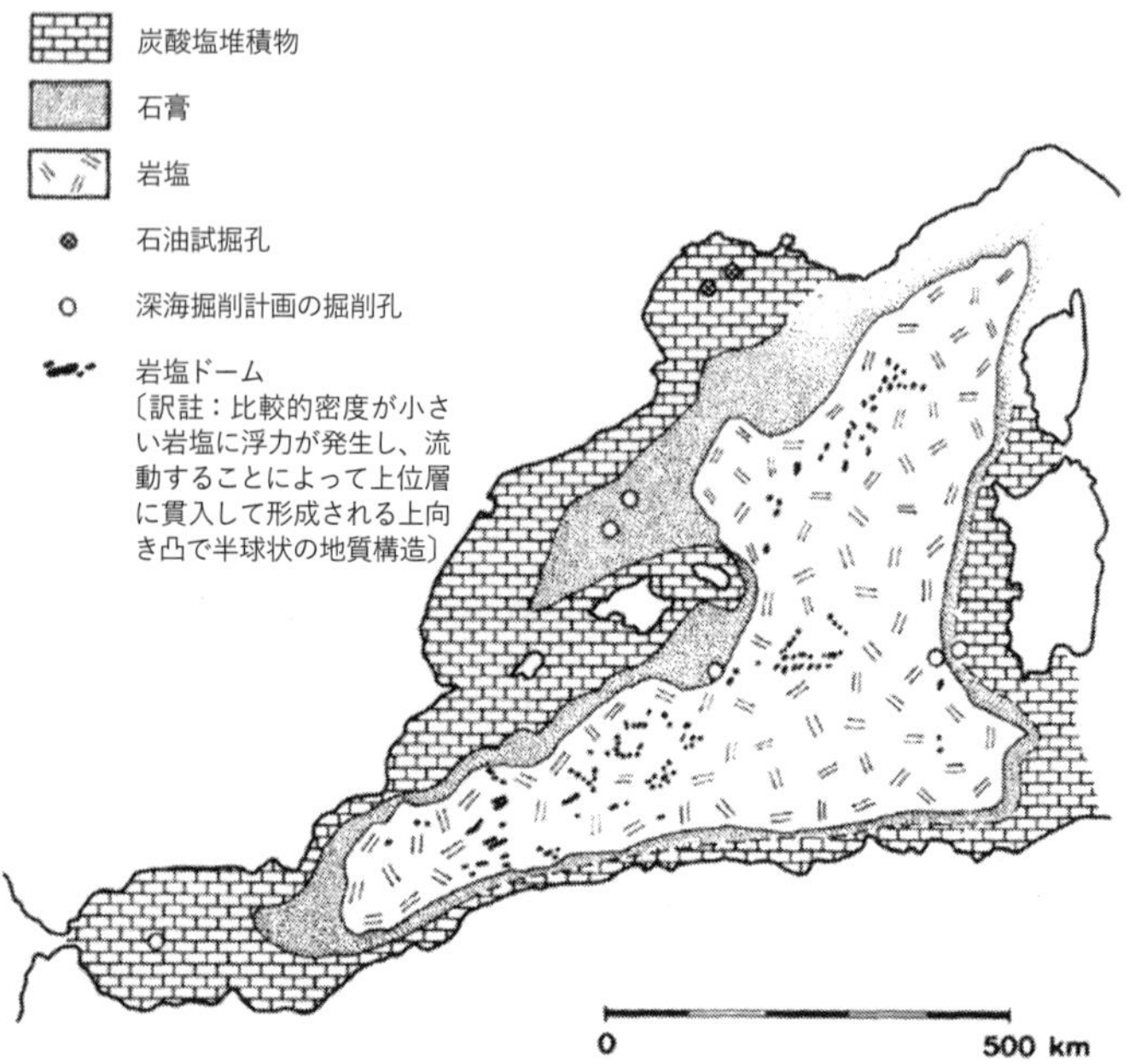

▲図 24.7　地中海西部、バレアレス海での蒸発性鉱物の同心円的な帯状分布
深海掘削計画での掘削地点も示している

のだった。

続いて研究者たちはバレアレス海の斜面の掘削のために調査船をさらに東に向かわせた。鮮新世と更新世の泥層の下に到達したとき、彼らはまさに驚くべきものを発見した。

斜面の下部は、藍藻類と一部の藻類だけが被覆層を形成できる超高塩分濃度環境の潮間帯の泥質平坦地だったことを示す葉理構造をもったストロマトライト（上巻第13章）と皮殻状のドロマイト〔訳註：堆積物の層理と平行に挟まれている堅いパン皮状の薄膜～薄層状ドロマイト〕だった。海水の塩分濃度がたいへん高かったので、ドロマイトのようなまれにしかみられない鉱物が形成されていたのだ。ストロマトライトやドロマイトのような潮間帯堆積物が深海底で形成されることはありえず、また藍藻類などの光合成バクテリアは太陽光がなくては生息できないので、この事実はかつて地中海の海底が干上がったことを強く示していた。

ついに彼らは調査船を「標的」の中心部――バレアレス海の中央部に向けた。案の定、鮮新世の海成堆積層の下を掘削すると、現在の地中海の海底から二〇〇〇～三〇〇〇メートル下に塩類と石膏の厚い層を発見した。これは五五〇〇万年前に地中海西部が完全に干上がってしまったことに対する盤石の証拠だった。そして、これによって多くの地震学者が不思議に思っていたことも確認された。M反射面は、地中海全域にわたる海底堆積物の下に見つかる、中新世最後期の塩類と石膏の厚い層に由来するものだったのだ。

塩類と石膏は、死海やデス・バレーのように完全に干上がってしまった水塊にみられるのと同じ種類の堆積物だ。それらの堆積盆地のへりには沖積礫層がみられ、海域の堆積盆地ならストロマトライトや炭酸塩鉱物を伴う潮間帯堆積物がみられることもある。イタリアの化学者M・J・ウジーオが一八四九年に行った一連の有名な実験で、炭酸塩鉱物（カルサイト、アラゴナイト、ドロマイトなど）が形成されるには、もとの水の約五〇パーセントが蒸発しなければならないことがわかっていた。「標的」の外側から内側に向かう次のゾーンでは、蒸発作用でもとの水の八〇パーセントが失われたときに形成される石膏のような硫酸塩が豊富だった。最後に沈殿する塩類は「苦い塩」――岩塩（塩化ナトリウム）、シルヴィアイト（訳註：カリ岩塩ともよばれる塩化カリウム）、加えて別の形の塩化カルシウムだ。これらはもとの水の九〇パーセントかそれ以上が蒸発してしまったときにだけ形成される。要するに、最後の水が海盆の中央部、つまり標的の中心からも蒸発して消失すると、「苦い塩」が非常に濃縮された塩水から沈殿するのだ――。

驚くべき発見が続いた。研究者たちは地中海の底部で、砂漠に由来する風成の砂丘堆積物をある掘削コアから探し当てた。これは、より古期の海成泥堆積物から風化によって分離され、中新世の砂嵐で運搬されたプランクトンの乾燥した殻と石英の砂粒子でできていた。他の掘削コアでは、海の底が完全に干上がったことの証拠である乾裂〔訳註：泥などの細粒堆積物が乾燥したとき表面にできるひび割れ〕がたくさん発見された。

大多数の掘削コアで、地中海の底が干上がり、そのあと再び短期間の満水が起こり、そして再び干上がりと、これを何度も繰り返していたことを示す、塩類と石膏が通常の海成堆積物と厚く互層していることも発見した。一回の蒸発イベントで海水がすべて蒸発すると、薄い塩類・石膏層一層が残るだけなので、度重なる乾燥と満水の繰り返しによってメッシーナ海峡の塩類と石膏の堆積物はあのような膨大な厚さになったのだ。事実、塩類の量は四〇〇〇兆キログラム、あるいは一〇〇万立方キロメートル以上と推定されている。この塩類の量は現在の地中海が含んでいる量の五〇倍にあたる。すなわち、少なくとも地中海は五〇回連続して干上がることが必要で、満水と乾燥の急速な変動は劇的なものだったに違いない。

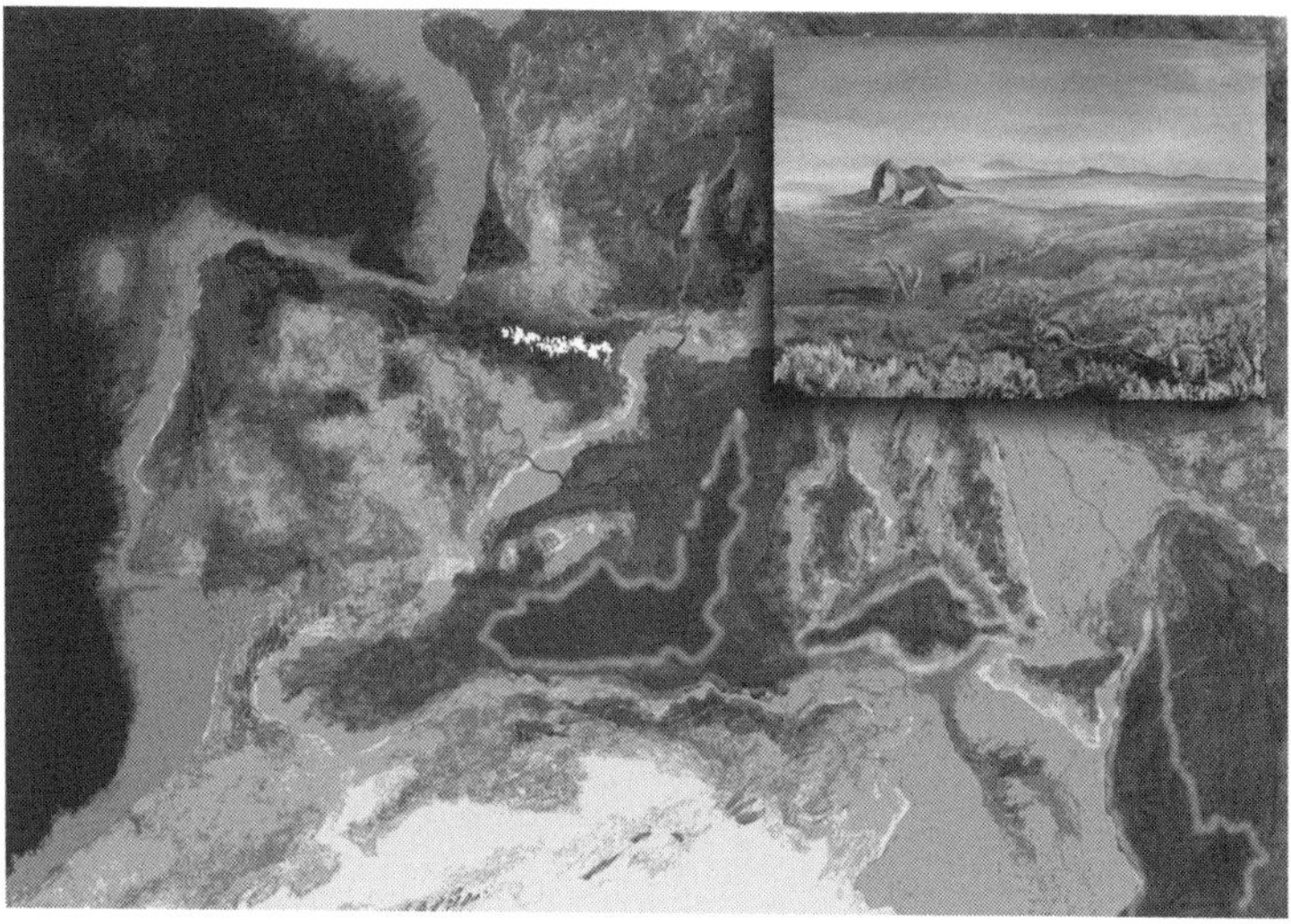

▲図 24.8　画家が描いた、干上がってしまった地中海の想像図

答え・巨大な死海

深海掘削計画第一三次航海は、イタリアとシチリア島を過ぎて東に航海を続け、東地中海でさらに多くの掘削を行って、同じ種類の堆積物をさらに発見した。航海が終了するまでに、事実は乗船科学者たちには疑う余地がないものに思えた。彼らの心の中では、この事実を説明する手立ては他になかった。地中海はかつて広大な砂漠だったのだ（図24・8）。

しかし航海から帰り、一九七一年前半の学会でその結果を発表し始めるとすぐに、彼らは信じがたい懐疑主義と抵抗に直面した。証拠がどんなに強力であっても科学者の多くは、かつて地中海全体が干上がり、海水面下約一八〇〇メートルに塩類で満たされ、砂漠化した盆地が残ったという仮説——言うならば、死海の巨大版だったという考えが理解できなかった。四七年経ってもまだこの考えに賛同しない科学者もいるが、大多数は一九七〇～一九七一年にシューとライアン、およびその共同研究者が提唱した結論を認めている。

最初に気づくことは、地中海が環境変化の影響を非常に受けやすい海域にあるという点だ。地中海は、一年のほとんどが暑く乾燥している北アフリカ海岸から、温暖で乾燥した「地中海性気候」のスペイン、イタリア、ギリシャなどのヨーロッパ諸国に及んでおり、砂漠が広がる亜熱帯高圧帯の緯度帯にある(図18・4参照)。砂漠が広がる緯度帯にある結果、その地域では流れこむ水よりも蒸発する水のほうが多く、大きな蒸発量を上回る量の淡水を供給する大河川が少ない(ナイル川とローヌ川だけ)。アラビア半島とアフリカがアジアに衝突した約二〇〇〇万年前、地中海は当初、東の端が閉じられていた。そのため、海水を流しこみ、蒸発した水を補うことができるのは狭いジブラルタル海峡だけだった。この狭い栓を閉じてしまうというひとつの重大なイベントだけで、海水の流入は完全に途絶してしまうのだ。

実際、五九六万年±二万年前には、アトラス山地を上昇させたアフリカとスペインの衝突と同時に全球的な海水面低下が起きた。海水が流入することができた狭い入り口以下に海水面が低下すると地中海は孤立してしまう。五九六万～五三三万年前(訳註：メッシニアン期の末期)、地中海は完全に干上がり、その後ジブラルタル海峡を通って一時的に海水が流れこんで再び満水になり、これを交互に少なくとも五〇回にわたって繰り返していたのだ。

その間、地中海は巨大な死海のようだっただろう。そして高温と乾燥に耐えることができる動物は地中海を横切って移動するか、または現在は島になっている多くの地域の間を移動できただろう。事実、地中海のたくさんの島々や半島――キプロス島、マルタ島、ガルガーノ半島、コルシカ島、サルディーニャ島――には、地中海が最後に満水になり、これらの地域が孤立したときに進化した珍しい小型の化石哺乳類が生息していたことが昔から知られていた。キプロス島とマルタ島には、それぞれ矮小化し、絶滅したカバの固有種がいた。他の島々には矮小化したマンモスがいた。さらに他では、犬のサイズの巨大なハリネズミやイノシシの大きさのウサギがいた。これは多くの島々の動物相でよくみられることだ。ゾウやカバのような大型哺乳類は、捕食者がいないことと餌が限られていることで小型化し、一方ハリネズミやウサギのような小型哺乳類は、ふつうなら体の大きさが同程度のために競争になる他の哺乳類がいないので大型化する。

事実、哺乳類古生物学者は、ユーラシアとアフリカの間を自由に横断できる哺乳類がいて、中新世の末に哺乳類の動物相に大きな変化があったことを以前から知っていた。これにもとづいて、地中海が干上がったことを最初に推測したのは彼らだった。

地中海が干上がったことを確認したことはパズルを解く最後のピースになった。ナイル川のグランドキャニオンだ。地中海の海水面がメッシニアン期初期に低下し始めたとき、古い時代のナイル川の前身がその勾配に合わせて氾濫原と渓谷を侵食した。これは地中海が完全に消失したときまで続き、その時点でナイル渓谷全体は海面下約二五〇〇メートルまで河床が侵食され、河川水は塩類が形成された平坦地に流れこんでやがて蒸発してしまった。鮮新世になって地中海が洪水で再び満水になったとき、ナイル川のグランドキャニオンは海水で満たされ、すぐに海成堆積物とナイル川上流由来の土砂の両方で満たされたことだろう。この仮説は現在では鮮新世の海成堆積物で完全に埋め立てられた深い谷をもつフランスのローヌ渓谷で研究が行われて確かめられている。

結局、五〇回のより小さな氾濫イベントによる河川水がすぐに蒸発してしまっているという事実から、どれほどの河川水が必要だったのか、そして高い蒸発速度を補うために海水がいかに早く流れこむ必要があったのかについてある推測が生まれる。実際、最終的に地中海を満水にし、乾燥と洪水の大きな繰り返しを終わらせた鮮新世の「大洪水」には、さらに膨大な量の水が必要だろう。かなり低温の大西洋の海水がジブラルタル海峡を通って非常に急激に流れこむことが必要であり、ナイアガラ瀑布の約一〇〇〇倍、または世界最大の滝のひとつであるビクトリア瀑布の約一五倍の規模の滝が出現しただろうとライアンは計算している。ライアンとシューは、一〇〇年で地中海を満水にするには一年間に約三万四〇〇〇立方キロメートルの海水がジブラルタルの滝（海峡）から流れこむことが必要だったと計算した。そしてそれはおそらくさらにもっと大量だっただろう。海水の体積と水圧はたいへん大きく、その流入速度なら轟音は音速の壁を破っただろう！

メッシーナ海峡とナイル川の地下の峡谷での塩類堆積物の素朴な観察から、地球の歴史の中で最も驚嘆すべき出来事のひとつが明らかになったのだ。

第25章

氷河の落とし物

詩人、教授、政治家、用務員と氷期の発見

氷河とは、はるか昔、大地の表面を細かく砕き、畝《うね》を築き、耕し始めた、いわば神の巨大な鋤《すき》である。

——ルイ・アガシー

謎その1・漂流する巨礫

一七世紀後半から一八世紀初頭の地質学の黎明期、最大の謎のひとつは、奇妙な場所や、危なっかしくバランスを保った状態で見つかることが多い巨大な礫だった（図25・1）。さらに不可解だったのは、これらの礫の岩質だった。それらは今鎮座している場所の近くではどこからも見つからない種類の岩石でできていたのだ。それらの岩石の原産地は数百キロメートルも北にある特定の供給源にまで追跡できる場合もあった。スコットランドの地質学者（そしてジェームズ・ハットンの弟子でもあった）アーチ

A
B

▲▶図 25.1　北ヨーロッパの危なっかしくバランスを保っている氷河の巨大な落とし物の数例
A：クマキビ（フィンランド語で「見かけない岩」の意味）。フィンランド、サボニア地方
B：別の岩石の上に鎮座している場違いな巨礫。イギリス、ヨークシャー州オーストウィック近くのノーバー
C：氷河の融解で最近落下し、バランスを保っている巨礫。カリフォルニア州ヨセミテ国立公園

ボルト・ゲイキーは、ずっと後にこれらの巨礫を「家一軒ほどの大きさであることが多い巨大な岩石の塊で、それは氷河で運搬され、氷河渓谷の突出した位置でとどまったか、または丘や平野に散在してしまったのだ。それらの鉱物学的性質の研究がその起源の特定につながる」と記述している。

地質学者が巨礫を観察すればするほど、ますます彼らはいかに巨礫が不可解なものであるかに気づいたのだった。国土が非常に新しい時期の堆積物でおおわれ、硬い岩盤がどこにも露出しないオランダ中部のスホクラントには、起源をたどるとノルウェーにまで至る巨礫群がある。シュテックゼ近くのドイツ北部の海岸平野の中ほどには、ギービヒェンシュタインとよばれる別の巨石群が鎮座している。これらは明らかにこの地域のものではない。この地域には硬い基盤岩はなく、軟弱な海岸平野の堆積物が分布しているだけだ。これらの岩石の起源はスカンジナビア半島にある。ヨーロッパにはさらに多くの例があるし、周囲に分布する軟質の白亜紀頁岩に由来するものではないことが明らかなアルバータ州の平原に鎮座する巨礫のように、他の大陸にはさらに巨石の顕著な例がある。一六二〇年に巡礼者が上陸したプリマス・ロックもその一例だ。

私はイリノイ州中部で地質見学旅行を行うときはいつも、ある道路の切割に立ち寄って、ミシガン州のアッパー・ペニンシュラ地域からにだけ由来しうる自然銅の塊をつまみ出す。このような例は北半球のあちこちでみられ、「漂流する」を意味するラテン語の動詞、エッラーレに由来する「迷子石（エラティクス）」として知られるようになった（「考え違いする（エアー）」や「誤りを犯す（エラー）」などの言葉は同じ語源をもっている――例えば、あなたが考え違いして、真実から離れて迷い道に入りこんでしまうときなどに用いられる。もしあなたが「気まぐれに」歩いているなら、それは放浪しているということだ）。小屋から離れて迷っている羊を学者に思い出させるので、巨礫は「見失われた羊」「捨て子」ともいわれている。

しかし上巻第5章で述べたように、初期の地質学者の大半は、すべての成層した岩石（堆積岩だけではなく、溶岩流でさえも）は、一般的にはノアの洪水のことを意味すると考えられていた大洪水の活動に成因があると思っていた。この考えは巨礫の長距離移動を説明できたかもしれないが、水がそのような大きな礫を持ち上げることができた一方で、（現在の強力な洪水で起きるように）なぜはるかに細かな小礫〜中礫の層全体を移動させることができなかったのかという重要な点を無視していた。またその考えは、これらの巨礫の多くはたいへん鋭く角張っており、大礫〜中礫が水中とくに鉄砲水〔訳註：急傾斜地で発生することが多い急激な出水や増水現象〕の中で転がり揺さぶられるとつねに円磨されて丸みをおびるのとは異って、ほとんど円磨されていないという事実も説明していなかった。しかし地質学はこの時点ではまだ萌芽期にあって、ノアの洪水というドグマ的な考えがたいへん支配的だったため、あえてこれにまつわる問題を追求しようとする人はほとんどいなかった。それればかりか、彼らは発見したあらゆることをこの単純なひとつの説明に押しこめてしまおうと、これらすべての矛盾を無視した。一八二四年、著名なイギリスの博物学者ウィリアム・バックランドはこう述べた。

われわれは、北からの流れによって、イギリスには由来しえない礫の一部が、イギリス東部の沿岸全体にわたって現在の場所まで漂流してきたという証拠をもっている。それらの一部にはスコットランドの海岸からきた可能性もあるが、他の大多数は対岸の北海から漂流してきたらしい。

このように、氷河の迷子石は謎だったのだ。洪水が流下することによって形成された堆積物にみられるように、初期の地質学者が「漂礫堆積物」とよんだ淘汰作用を受けていない礫と砂と粘土でできた厚い堆積物も同様だった。その別名は文字通り「洪水堆積物」を意味する「洪積層」だった。繰り返しになるが、もし当時の地質学者が分析的に観察していたら、洪水の勢いがどんなに強くても、どのような水流であっても、明確な層状構造や層理を形成しうることに気づいたはずだ。仮に洪水が突然勢いを失ったとしても、洪水の流れは運んできた土砂を礫、砂、粘土でできた非成層の無秩序な混合物として沈積させるのではなく、礫層から砂層、細かい葉理をもったシルトや粘土まで、それぞれで粒径が異なる層ごとに淘汰された堆積物として沈積させたはずだ。しかしそのような分析的な思考はまだ将来のものだった。

謎その2・岩石の引っかき傷

ヨーロッパの初期の地質学者を悩ませた基盤岩の地質のもうひとつの特徴は、ときには数メートルにもわたって連続する、非常に硬い岩盤に刻まれた長くて平行な引っかき傷や溝の存在だった（図25・2）。溝はごく浅いこともあるが、多くの場合は信じられないほど深い。のみで削ったような平行な傷跡がついた岩盤が広い地域にみられる場合もある。どのような力が、最も硬い岩盤にこのような溝を削りこんだのだろうか？　そしてさらに重要なのは、それらが互いに非常に平行に並んでいる原因は何だったのだろうかという点だ。

一八三〇年代までなら、ノアの洪水はこれらを説明するのに都合がよくて簡単な考えとして再び役立った。一八二四年、バックランドは迷子石、氷河の漂流、平行な引っかき傷をノアの洪水で説明する概略を述べた二〇〇ページに及ぶモノグラフ〔訳註：特定分野の問題に特化して記述した学術論文〕、「大洪水の遺物 Reliquiae Diluviae」（原題はラテン語）または「世界的な大洪水の作用を証明する生物遺骸の観察

▲**図 25.2**　氷河の基底部にある岩が基盤岩の上を引きずられてできた、基盤岩表面にみられるヤスリの歯のような氷河擦痕

Observations on the Organic Remains attesting the Action of a Universal Deluge」を執筆した。引っかき傷は「高速で運動する水の巨大な力で動き始める重い物体の摩耗で」削りこまれた結果、形成されたのだと彼は述べている。

しかし鋭い観察者なら、その当時も現在も、渦を巻く氾濫水の動きを見ると、流れる水は岩石を長距離にわたって直線的に運搬するわけではないし、また基盤岩には削り跡が生じないことにも気づくはずだ。しかし当時の地質学者はノアの洪水説に満足していたので、検討は将来に残された。

答えその1・アガシーと氷河時代

すべてのヨーロッパの地質学者がこれらの奇妙な地質現象を洪水の産物だとみなしていたわけではなかった。とくにアルプスとその氷河の近くに住む人びとは、活動中の氷河を見ていたので違った考え方をしていた。一七八七年には、スイスの大臣ベルナルド・フリードリヒ・クーンは、スイスの氷河がそのような礫を運搬しているのを見ることができたとして、迷子石は氷河で運ばれたのだと主張した。ジェームズ・ハットンがその数年後にスイスとフランスにあるジュラ山地を訪れたとき、ハットンは同じ結論に至った――それは彼の本質的で革新的な考えの中で見落とされていたことだった。

一八二四年、ノルウェーの博物学者イェンス・エスマルクは、ノルウェーでは氷河が引っかき傷と迷子石の原因だったと主張した。どのようにして氷河の膨大な重さが氷河の底で引きずられている岩石を押し下げ、巨大な力をかけて基盤岩をやすりの歯のように削るのかを彼らは観察できたのだ。エスマルクの影響を受けて、ドイツの博物学者ラインハルト・ベルンハルディは一八三二年に、極地の氷冠がかつてはヨーロッパ全土、ドイツ中部にまで進出していたと主張する論文を発表した。

その頃スイスでは、現世の山岳氷河とその変化についての観察が蓄積され、氷河に対する理解がいっそう進んだ。一八一五年、スイスの登山家であり、シャモア〔訳註：ヨーロッパを中心に生息するウシ科の草食哺乳類〕の狩猟家でもあったジャン・ピエール・ペルーダンはスイスの渓谷での氷河の変化を記述し、氷河がかつてはもっと大きく、もっと広大だったと推測している。一八一八年には、彼の考えは、業務の一部としてスイスの自然環境の中でかなりの時間を過ごした道路技師のイグナス・ベネッツに強い印象を与えた。ベネッツは氷河がアルプス山脈から拡大し、周囲の地域に影響を及ぼしたのだということをしだいに確信するようになった。一八一六年と一八二一年、そして最終的には一八二九年の講演で、彼は、過去には氷河が大きく拡大していたという考えを発表した。一方、ベー岩塩鉱山の所長ジャン・ドゥ・シャルパンティエも、ペルーダンとその後ベネッツの講演を聴いて、自分自身でも現地観察を行ったあと、彼らの考えに納得するようになった。シャルパンティエは一八二九〜一八三三年、この話題についてさらに完成度が高い数編の論文を発表した。

一八三四年にルツェルンで開かれたシャルパンティエの講演の聴衆の中に、ルイ・アガシーという将来を約束されたスイスの若い古生物学者がいた（図25・3）。彼は化石魚類の進歩的な研究でヨーロッパではすでに有名だった。一八三六年の夏、氷河についての考えが間違いだということを証明しようとアガシーはベー鉱山にいたシャルパンティエを訪ねた。ところが、そこでアガシーは氷河説に翻意し、氷河をよく知る少数派以外の他の地質学者にこの仮説を広めることに意欲をもった。単にアルプスと周辺地域での氷河形成の証拠を示すだけだった氷河地質学の初期の研究者とは異なって、アガシーは想像力に富む思想家、力強い演説家、魅力的な著作者であり、そして熱心で勤勉で大望ある人物でもあった。

一八三七年、アガシーは彼の本拠地であるヌーシャテルでスイス自然科学協会の年次総会を開催した。彼が開会の挨拶を述べるために立ち上がったとき、聴衆は化石魚類についてのこれまでとは違った発表を期待した。ところがそうではなく、かつてノアの洪水によると考えられていた現象の大多数の原因として氷河説を支持する革新的な発表を勢いよく始めたのだった。証拠となる事実関係とペルーダン、ベ

▲図 25.3　若い頃のルイ・アガシー

ネツ、シャルパンティエの考えを再検討して、アガシーは彼らの考えをヨーロッパの大部分に拡張し、ヨーロッパが「氷期」（ドイツ語でアイスツァイト）に氷河でおおわれていたのだと主張した。その発表はたいへん意外で、驚くべき内容だったので、研究集会は混乱に陥り、長い質疑応答が予定されていた他の講演のスケジュールを完全に狂わせてしまった。その中の一人の講演者は、今では有名になった「堆積相」の概念を紹介する予定でいたが、アガシーの爆弾発言に続く混乱の中で発表の機会を失ってしまったアマンツ・グレスリー〔訳註：スイスの地質学・古生物学者で、地質学に相の概念を導入した。一八三六年以降、アガシーの助手を務めた〕だった。

聴衆の大多数はアガシーの考えになおもたいへん懐疑的で批判的だった。そこで、アガシーは最も近くにある山岳氷河への即席の野外見学旅行を集会の最後に急遽呼びかけることで対応した（あらゆることが数カ月も前からきちんと予定されていて、人びとが変更不可能な航空券やホテルを予約する現在の専門家の研究集会ではこのようなことは不可能だ）。エリー・ド・ボーモン、レオポルド・フォン・ブッフなど、その地域の最も優れた地質学者がアガシーとともに見学旅行の馬車に乗った。彼らが現場の証拠を見ればすぐに考えを改めるだろうと、もしアガシーが思っていたとしたら、彼は人間の本質に対して楽観的すぎただろう。彼らは納得しないまま野外見学旅行を終え、地質学者グループの大多数はアガシーの考えになおも批判的だった。偉大な博物学者で探検家でもあったアレクサンダー・フォン・フンボルトは、アガシーに化石魚類の研究に戻るように伝え、そしてこう言った。「未発達な分野の革新に関するこのような一般論的な考えよりも、実際的な地質学にもっと尽力してほしい。君もよく知っているように、そのような考えはそれをつくり出した人びとだけが納得するものだ」

ヨーロッパ大陸の科学者たちがアガシーに冷淡に反応した中で、他地域の人びとはずっと受容的だった。イギリスでは、ウィリアム・バックランドがアガシーの考えのいくつかを聞き、ノアの洪水ですべてを説明してきた自分の研究に疑問を抱いた。一八三五年、アガシーがイギリスを訪問して化石魚類を研究していたとき、バックランドは彼をオックスフォード大学に招き、二人は交友関係を結んだ。一八三八年、バックランドはドイツのフライブルクを訪れてドイツ博物学者協会の会合に出席し、アガシーが氷河仮説を推進し、公平な公聴会で講演するのを聴いた。そのあと彼はアガシーとヌーシャテルに行き、自然科学への裕福な後援者、シャルル・リュシアン・ボナパルトを伴って氷河地質学の大規模な見学旅行を行った(ボナパルトは、いとこが一八一五年にワーテルローの戦いで敗れ、最後の亡命中だったため、することがほとんどなかった)。バックランドはこの大規模な見学旅行に参加したが、このときは完全に納得することなく帰国した。

彼はグラスゴーのイギリス科学振興協会でアガシーが講演したとき、一八四〇年までに自分が見てきたことに思いをめぐらせていた。そしてついにバックランドは考えを転換させ、氷河仮説を信じる最初のイギリス人の一人になった。その他の大多数のイギリス人地質学者は、この問題に対する彼の突然の方向転換に驚き、軽蔑した。当時の有名な風刺漫画(図25・4)には、バックランドがシルクハットとアカデミックガウンという通常の野外調査の服装に身を包んで、地図、ハンマー、その他の地質調査用具を持ち、平行な引っかき傷がある地表に直接立っているところが描かれている。傷には「天地創造の三万三三三〇年前に氷河で引っかかれた」と「一昨日、ウォータールー橋〔訳註:ロンドン、テムズ川にかかる橋。フランス語の発音ではワーテルロー〕の上で荷車の車輪で引っかかれた」というラベルがつけられて

Scratched by a Glacier Thirty three Thousand Three hundred Thirty Three years before
Scratched by a cart Wheel on Waterlo Bridge the day before yesterday
Prodigious Glacial Scratches
Scratched by T. Sopwith
The Rectilinear Course of these Grooves corresponds with the motions of an IMMENSE BODY the momentum of which does not allow it to change its Course upon Slight Resistances
COSTUME of the GLACIERS

▲**図 25.4**　氷河擦痕の上に立つウィリアム・バックランドを描いた有名な風刺漫画

いる。

その後バックランドは、その当時最も影響力が大きい評論家は、彼の考えを支持する論文をすぐさま発表したチャールズ・ライエルだと確信した。そこでアガシー、バックランド、ライエルはスコットランドのハイランド地方を旅行し、長い間説明されないままだったたくさんの独特の構造は、かつてスコットランドが氷河でおおわれていたことによるものだということをアガシーは同行者に示すことができた。一八四一年、エドワード・フォーブスはアガシーに手紙を送った。「君はイギリスの地質学者全員を氷河説信奉者にしてしまった。そして彼らはイギリス島を氷室にしようとしている。君の考えに反対する、いくつかの愉快だが、たいへん不合理な試みは一人か二人のエセ地質学者によるものだ」

長年にわたって氷期をめぐる論争が激しく続いたが、アガシーはきりがないし、解決に至らない意見の対立にうんざりするようになっていた。一八四六年、彼は本来は化石魚類の研究を目的にアメリカに渡ったのだが、その後ハーバード大学に勤務するという非常に寛大な処遇を受け、比較動物学博物館を設立した。彼は残りの人生をアメリカにとどまり、ハーバード大学での二七年間の教育と研究ののち、一八七三年に死去した。さらに重要なことは、アガシーが見学旅行を行う場所をさまざまに変えながら北アメリカ大陸北東部全体を見学してまわったことだ。そこで彼は氷河起源の構造を相次いで発見して、北半球の大陸すべてをおおっていた北極圏の極氷がじつは世界的に拡大したものだという自身の仮説をさらに確かめた。

彼は古生物学者のチャールズ・ドゥーリトル・ウォルコット（第17章）、アルフェウス・ハイアット、ナサニエル・シェーラー、古生物学者であり昆虫学者でもあるアルフェウス・パッカード、時代を先んじた博物学者アーネスト・インガーソル、魚類学者デイビッド・スター・ジョーダン、探検的地質学者ジョセフ・レコンテ、有名な哲学者で、心理学者でもあったウィリアム・ジェームズなど、次世代のアメリカの動物学者と地質学者を輩出した。

大学教授、政治家そして詩人。スイス人の大学教授アガシーは、氷河形成による氷期理論を提唱し、政治家であり地質学者でもあったライエルはその理論の支持を周囲に呼びかけて、一八四二年には他の多くの地質学者を納得させた。しかし最終的に世界を納得させるには、詩人であり探検家でもあったエリシャ・ケント・ケーンによるもうひとつの発見を必要としたのだった。

グリーンランドでの恐怖と死

「氷期」〔訳註：全球的に低温化し、極地の大陸氷床、山岳地帯に氷河が存在・成長する氷河時代の中で、繰り返し訪れるひときわ寒冷な期間のこと。氷期と氷期の間の比較的温暖な時期は間氷期〕の概念を理解しようとする地質学者やその他の人びとにとって、大きな困難のひとつは全ヨーロッパをおおう巨大な氷床を頭に思い描いてみることだった。過去には山岳氷河が今日よりもずっと遠くまで広がっていたと考えてみるのがひとつの方法だった。もうひとつは全ヨーロッパをおおう厚い極氷を想像することだった。あらためて言うと、大多数のヨーロッパ人の世界についての知識が限られていたことに問題があった。ウェルナー流の水成論者が火山の噴火を見たことがなく、溶岩流が液相の岩石として思い浮かべられなかったように、当時の地質学者もまた、巨大な氷床とはどのようなものであるかわからなかった。

それまでは科学と学問でのほとんどすべての画期的飛躍はヨーロッパ人の独壇場だった。しかし新興国家であったアメリカは、初めてアパラチア山地からミシシッピ川流域を探査した先遣隊と偵察隊、一八〇三〜一八〇五年にミシシッピ川流域から太平洋岸に至ったルイス・クラーク探検隊を使って、探検と領土拡張に投資を始めた。一八四八年、アメリカは米墨《べいぼく》戦争〔訳註：一八四六〜一八四八年のアメリカとメキシコの戦争〕で広大な領地を獲得し、一八五〇年にはカリフォルニアは州としてアメリカ合衆国に承認された。

アメリカ人たちは西部を探検していたが、北極の探検にも同様な支援があった。たくさんの向こう見ずなアメリカ人たちが、この新しいチャンスをものにすることでひと旗あげようと目論んだ。その一人がエリシャ・ケント・ケーンという名の若者だった。一八二〇年にフィラデルフィアの著名な家庭に生まれ、二二歳でペンシルベニア大学で医学博士の学位を取得し、その後アメリカ海軍の軍医助手になった。この結果、彼は多くの危険な任務――望厦《ぼうか》条約〔訳註：一八四四年に締結された清とアメリカの修好通商条約〕の代表団、アフリカへの代表団、米墨戦争でのいくつかの戦い――に身を置くことになった。一八四八年一月六日のノパルカンの戦いで、ケーンはその後に仲よくなったメキシコ軍のアントニオ・ガオナ将軍とその負傷した息子を捕虜にした。

一八四五年、イギリスの探検家で海軍将校でもあったジョン・フランクリン卿が、北極海を経由する北西航路を発見するために、二隻のイギリス海軍の調査船、エレバス号とテラー号を使って大胆な航海に乗り出した。探検隊は北に向かって航行し、何が起きたのかの報告もないまま消息を絶ってしまった。

フランクリンは著名なイギリスの貴族であり、探検家でもあったので、フランクリンと乗組員と調査船の発見に莫大な報奨金がジェーン・フランクリン夫人とイギリス海軍当局によって用意された。たくさんの探検隊が行方不明となった男たちの発見と報奨金の獲得を夢見て出発し、一八五〇年夏には一一隻のイギリスの船と二隻のアメリカの船がフランクリンの遠征隊を捜索していた。

ケーンは経験と大胆さから、行方不明となったジョン・フランクリン卿の探検隊を発見するために、一八五〇年にヘンリー・グリンネルが資金提供した遠征隊の主席軍医将校に任命された。彼らはフランクリン隊の最初の冬季キャンプ地点を発見したことで、まずまずの成功を収めた唯一の遠征隊だったといえる。この成功に活気づいたケーンはさらに捜索を進めるために、グリンネルの資金援助を受けて第二次遠征隊を組織した。遠征隊は一八五三年五月三一日、ニューヨークを出航し、その年の冬にはグリーンランドのレンセラー湾に到着した。冬の間中ずっとケーンと乗組員たちは壊血病に苦しみ、瀕死の者もいた。それでも翌年の春、ケーン隊は北に向かって進み続け、グリーンランドとエルズミア島の間に無氷のケネディー海峡を発見した。この海峡は、一九一〇年のロバート・ピアリーの北極点到達で最高潮に達する将来の北極探検家が好んで用いるルートになった。

しかし、ケーンらのグリーンランド横断はいっそう困難なものになり、たちまちその任務はフランクリン隊を発見するどころではなく、生き延びて遠征隊自身が帰還することになってしまった。一八五五年五月二〇日、彼らの帆船、アドバンス号は氷に閉じこめられ、もはや航行不能になってしまった。そこで乗組員とともにケーンは、航行中の帆船に救助されたウペルナビク（グリーンランドの西側海岸の中ほど）近くの開水路に何とかたどり着くまでの苦難の八三日間、氷原を進んだ。苦難にもかかわらず、病人を運ぶ雪そりの重みで前進を妨げられながらも、一名をのぞいてほとんどの乗組員が危険なクレバスを横切る恐怖の前進に耐え、氷点下の条件の中で生き延びたのだ。

一八五五年一〇月一一日、ケーンの遠征隊はやっとニューヨークに帰還し、英雄として歓迎を受けた。ケーンは遠征の記録を執筆し始め、一年後に二冊の報告書が出版された。それは刺激的で、強く読者の心を捉える冒険的で英雄的な偉業の報告だったので、アメリカとヨーロッパの両方で大評判になった。加えて、生還して、一・六キロメートルもの厚さの氷床の性質を記述したのはこれが最初だった。彼の報告書は飛ぶように売れてベストセラーになり、科学者と一般人はともに巨大な氷床の概念を視覚化して理解することができた。アガシーの氷期仮説に反対していたその他の地質学者は、二、三年するうちにもはや巨大氷床の概念を退けることができなくなった。地質学者はヨーロッパ大陸と北アメリカ大陸の上に重なった厚い氷床をようやく想像することができたのだ。

この話については最終的に二つの注目すべき点がある。ケーン自身はなお病気で、遠征の過度のストレスからの回復途中だったが、イギリスに赴いてフランクリン夫人に自ら報告書を届ける義務があると感じていた。医師の指示でストレスから回復するために、その後キューバに向かって出航した。しかし残念ながら、健康状態は悪化しただけで一八五七年二月一六日にキューバで死去した。彼はわずか三六歳だった。遺体はニューオーリンズに持ち帰られ、その後列車でフィラデルフィアに運ばれた。途中のすべての駅で、列車は国民的英雄に敬意を表する追悼代表団に出迎えられた。一八六五年四月に暗殺されたエイブラハム・リンカーンを故郷のイリノイ州に運ぶ葬送列車がやがて上まわるのだが、それは当時としてはアメリカ史上最長の葬送列車だった。

ついにこの当時のどの遠征隊も、不運なフランクリン探検隊に何が起きたのかを発見することができなかった。現代の衛星技術の出現と北極圏調査の高度な技術を使うことでのみ、ようやくそれは発見され、その悲運が明らかにされた。一二九人の探検隊員全員が氷に閉ざされ、全員が病気、低体温症、飢餓、人肉食で死亡したことがわかっている。調査船エレバス号の残骸は二〇一四年に、テラー号の残骸は二〇一六年なって発見された。両船とも氷に閉じこめられ、氷で粉砕されて、深い海に沈んでしまっていた。

スコットランドの大学用務員とセルビアの数学者

氷期仮説論争が決着した後、地質学者は一九世紀後半と二〇世紀の大部分の間、氷河性の「漂礫」堆積物（実際には、融解する氷河の先端部で砂、礫、巨礫が積み重なって形成される氷成礫岩でできたモレーン）の地質図の作成を始めた。

すぐに地質学者は、北アメリカ大陸では（最も新しいものから最も古いものへ順に）ウィスコンシン氷期、イリノイ氷期、カンザス氷期、ネブラスカ氷期と名づけられた四回の巨大な氷河の前進を明らかにすることができた。これらの名称は氷河がモレーン堆積物を残した最も南にある州の名前に由来している。

一方で、ヨーロッパの地質学者は、五回にわたる一連の氷河の前進の証拠を発見し、それらに（最も新しいものから最も古いものへ順に）ヴュルム氷期、リス氷期、ギュンツ氷期、ミンデル氷期、ドナウ氷期と命名した。北半球の大陸では氷期は一度だけではなく、少なくとも四回ないし五回あったのだ。しかし残念ながら、これらの氷河の前進がいつ起きたのか、また北アメリカの四回の氷期がヨーロッパの五回の氷期のどれに対応するのかを決める年代測定方法がなかった。地質学者は、複数回の氷河の前進の証拠に対するあらゆる種類の説明をすべて並べてみたが、どれも十分に支持されなかった。

当時、天文学者の間で議論されていたひとつの考えは、地表が受ける太陽光線の量（日射量として知られている）の変化によって、氷河が成長する氷期から氷河が縮小する間氷期への変遷が決定されているのかもしれないというものだった。しかし必要とされた軌道の数理を誰も研究しなかったし、また太陽エネルギーの違いも計算しなかった。この仕事に足を踏み入れたのはジェームズ・クロールという優れたスコットランド人だった（図25・5）。

彼は限られた資力と教育から身を起こし、完全に努力と知性でその専門分野の頂点に登りつめた人物の完璧な例だった。彼はスコットランドのパースシャーの農場に生まれたが、正式な学校教育を受けることなく、一六歳になる前に働きに出なければならなかった。車輪修理工、整備工の見習いを始め、その後に茶商人になり、次いでアルコールを提供しないホテルの経営を試みたが失敗し、それから保険代理人になった。一八五九年、クロールはグラスゴーにあるアンダーソニアン大学で用務員として雇われた。そこでは利用できる立場を活用して、図書館で長い時間を過ごし、数学、物理学、天文学を独学で学んだ。

地球の公転軌道と地軸の傾きが一定の割合で変化していることを最初に明らかにした天文学者ユルバ

▲**図 25.5**　ジェームズ・クロール

ン・ル・ヴェリエの業績をふまえて、チャールズ・ライエル卿とアーチボルト・ゲイキー卿にクロールが自身の成果を示したところ、二人は強い印象を受けたのだ。ゲイキー卿は、すべての必要な資料が揃っており、読書と研究のための自由な時間がたっぷりととれるエジンバラのスコットランド地質調査所で地質図と通信文書の管理人として彼を雇った。一八七五年に、クロールは地球軌道の動きが日射量をどのように変化させるのか、そしてそれが氷期を引き起こすきっかけになったのかについての基礎を明確に説明した『地質学的関係における気候と時間 *Climate and Time, in their Geologic Relations*』という本を執筆した。この著作によって、彼は大学の研究職のポストとセント・アンドルーズ大学の名誉博士号を獲得し、ついには王立学会会員に選出された。

クロールは、それまでにわかっていた地球の公転軌道の変化の周期性を計算して、それがどの程度、氷期を説明できるのかを検討した。一六〇九年、ヨハネス・ケプラーが発表したとき、早くも太陽を回る地球の公転軌道が円ではなく、楕円だということが天文学者たちにはわかっていたのだと彼は指摘した。その楕円軌道はほぼ円形からもっと長円形へと、非常にゆっくりと変化する（それにはおよそ一〇万年かかることがわかっている）。これが地球の公転軌道の「離心率」周期である（図25・6A）。

紀元前一三〇年のヒッパルコスの時代から知られているもうひとつの周期は、地球の自転軸の歳差《さいさ》運動または「ゆらぎ」の周期だ。古代ギリシャ人が知っていたように、地球の自転軸は違う方向を向くコマの回転軸のようにゆらぐのである。現在では、自転軸は例えばポラリス、すなわち北極星を指しているが、一万年前にはまったく違う星、こと座のベガを向いていた。自転軸が違う方向を向くので、それによって両極が受ける太陽光線の量に差が出る。これが自転軸の歳差運動または「ゆらぎ」の変動によ

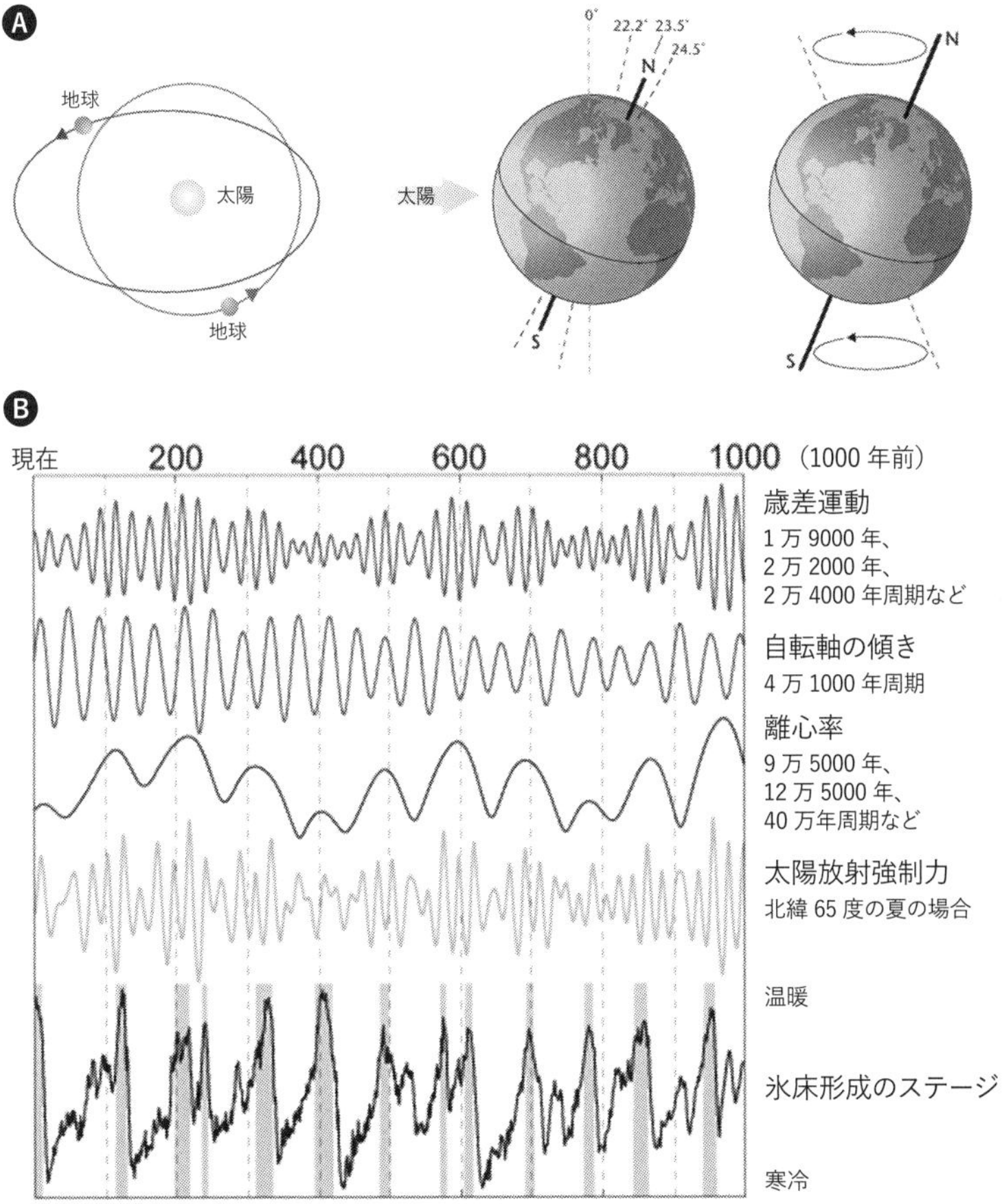

▲図 25.6　ミランコビッチ・サイクル

A：地球の公転軌道と太陽に対する角度の変化の 3 つの周期的変動を示している

B：変動には固有の周期性があり、それぞれは互いに影響し合って複雑な干渉波形をつくる正弦波でできている。その干渉波形によって温暖化と寒冷化のノコギリ型の波形パターンがつくられる。この波形パターンは、深海掘削コア試料、そして最終的には氷床掘削コア試料に閉じこめられている気泡に記録されたかつての海水温の測定で確かめられたる周期であり、約二万一〇〇〇～二万三〇〇〇年の周期が卓越する。三つの周期（後述）の中では最も速い（図25・6）。

クロールはまた、雪氷がアルベド・フィードバックシステムによって急速に成長、または融解できることも指摘した。雪氷が大量にあると、その反射率が高くなる、つまりアルベドが大きくなるのだ。これによって、より多くの太陽エネルギーを宇宙空間に向かってはね返し、気温を下げてますます雪氷の量が増加しやすい。しかし、地表が雪氷でおおわれていたとしても、海水、植生のような太陽エネルギーを吸収する色の濃い低アルベドの地表がわずかでも露出すれば、雪氷の融解が加速するのだ。

クロールの本はとても刺激的で、真剣に受け止める価値があったが、不運なことに当時は彼の仮説を検証するのに適したデータがなかった。年代を確実に遡ることができるものは何もなく、氷河の前進についての陸上の記録はあまりにも不完全で貧弱だったので、彼の仮説を裏づけることができなかった。そのため、興味深いが検証不能な、山積された仮説を前にして科学者たちは意気消沈してしまった。クロール自身は、一八八〇年にひどい頭部外傷を負い、五九歳で退職を余儀なくされ、一八九〇年に亡くなるまで一〇年余りを生きたが、提案された先端的仮説の検証はそれ以上の進展がないままだった。

セルビアの天文学者で数学者のミルティン・ミランコビッチ（図25・7）が復活させるまで、クロールの仮説はほぼ忘れられていた。一八七九年に現在のクロアチア（当時のオーストリア＝ハンガリー帝国の一部）で生まれた彼は優秀な学生で、一九〇四年にウィーン工科大学で工学の博士号を取得した。彼は一流の土木技師になり、オーストリアで橋、陸橋、水道橋、ダムなどの構造物を建設した。自身の発明で六つの特許をもっており、やがてセルビアに移ってベオグラード大学の応用数学の教授になった。

▲**図 25.7**　ミルティン・ミランコビッチ

土木技師としての毎日の仕事の中でも、ミランコビッチは基礎研究にもっと大きな関心をもっており、一九一二年、日射量の変動が気候にどのような影響を及ぼすかという問題の解決に熱中していた。彼は「気象学の大部分は、数値データを主としたもので、それらのいくつかを説明するために使われるわずかな物理学と無数の経験的な発見を集めたものにすぎない……数学はほとんど適用されず、初歩的な微積分でしかなかった。高等数学はこの科学分野ではまったく出番がない」と嘆いた。一九一二年と一九一三年に、彼は、地球が緯度ごとに受ける日射量を計算し、それが気候帯の位置にどう影響するのかを述べた数篇の論文を発表した。やがて一九一四年六月、フランツ・フェルディナント大公がサラエボで暗殺され、セルビアとオーストリア＝ハンガリー帝国の間に緊張が高まり、第一次世界大戦に発展した。セルビア人だったため、ミランコビッチはオーストリアでの新婚旅行中に拘束されて、オシエク要塞に収監されてしまった。捕虜としての最初の夜について彼はこう書いている。

重い鉄の扉が私の後ろで閉じられた……ベッドに腰かけて部屋を見渡し、私が置かれている社会的状況を受け入れ始めた。私が持ちこんだ手荷物の中には、宇宙に関するすでに印刷されているか、着手したばかりの研究が入っていた。何枚かの白紙すらもあった。仕事に目を通し、使い慣れたインクペンを手に取って、記述と計算を始めた……夜半に部屋を見まわしたとき、自分が今どこにいるのか気がつくまでにいくらかの時間を要した。私にとってその小さな部屋は、まるで宇宙旅行中の一夜の宿のようだった。

幸運にもミランコビッチはウィーンに強力なコネをもっていたので、その後は資料の利用が可能で、研究を続けることもできるブダペストで拘留された。厳密にいえば、彼は囚人だったが、ブダペストで誰からもじゃまされない時間と大学図書館の利用許可を使って、一九一四年から一九二〇年にかけて一連の論文で発表した数理的気象学を大きく進展させた。ようやく戦争が終わり、ミランコビッチと家族は一九一九年三月にベオグラードに戻り、彼はベオグラード大学の教授職に復帰した。

ミランコビッチは数理的気象学の研究をふまえて、日射量の周期的変動がどのようにして氷期を引き起こす可能性があるかという正確なモデルを計算した。決定的には、地表が夏の間に受ける太陽光線の量でどのくらい氷が融解するのか、または溶けずに残るのかを決めることが重要な要因になることに彼は気がついた。彼はクロールによる離心率と歳差運動の変動周期についての先行研究をふまえ、ルードヴィヒ・ピルグリムが一九〇四年に発見した第三の周期をつけ加えた。それは、黄道《こうどう》（訳註：天球上での太陽のみかけの軌道）の傾斜または「傾き」の周期性である。

地球の自転軸は黄道面に対して直立しているのではなく、二三・五度だけ傾いている（図25・6A参照）。その傾斜角度はいつも一定というわけではなく、約二二度から二四・五度の間で変化する。傾斜角度が大きく、二四・五度だった場合、両極地域は日射量が大きくなって雪氷が融解する。傾斜角が小さく二二度のときには、両極が受ける日射量はより小さくなって、極氷が形成される。これは自転軸の傾きの周期的変化として知られ、二二度から二四・五度まで完全な周期で進行し、同じ傾きに再び戻るのに約四万一〇〇〇年かかる。

ミランコビッチは骨が折れる計算とグラフ化（コンピューターや計算機がなく、膨大な枚数の紙を使った手計算による）に必要なすべての情報を入手した。地球の日射量と気候をテーマにした数多くの科学論文と短い書籍を出版した後、一九三〇年代の後半、ミランコビッチはそれらを一冊の本『地球の日射量の原理と氷期問題への応用 *Canon of Insolation of the Earth and Its Application to the Problem of the Ice Ages*』としてまとめることに専念した。

またしても、世界情勢が重大局面を迎え、ミランコビッチの生活と研究を脅かした。一九四一年、ミランコビッチが原稿を印刷業者に送った四日後、ドイツ軍がユーゴスラビアに侵攻し、印刷工場がベオグラードの空襲で破壊された。幸いにも、印刷されたページは別の倉庫に保管されていたので被害はなく、最終的には製本され、出版された。一九四一年五月にナチスがセルビアに侵攻したとき、二人のドイツ人将校と数人の地質学専攻の学生がミランコビッチを助けようと彼の自宅に来た。彼は自分自身や研究に何かが起こった場合に身の安全を保証するために、唯一の製本済みの本を彼らに渡した。ミランコビッチは残りの戦争期間中、自宅に潜んで回想録を書いて過ごした。戦争が終わると、彼は再びベオグラード大学での職務に復帰し、セルビア科学アカデミーの副会長も務めた。ミランコビッチは多くの名声や賞を受けたが、決してその実績に満足するのではなく、重要な問題に関する研究を続けた。一九五四年に退職したあともユリウス暦の改訂に興味をもち、極移動説を検討したほか、科学史についても執筆した。一九五八年に脳卒中を患い、その仮説が地質学的証拠で裏づけられることを知ることなく、七九歳で亡くなった。

答えその2・プランクトンと氷期の先導役

天文学者や数学者が計算できる限りの天文学上の周期の問題や氷期の原因をミランコビッチが提案したとしても、それを裏づける地質学からの明確な証拠はまだなかった。陸上の堆積物は四回か五回の氷河の前進を示しただけだったし、一九五〇年代後半でさえその年代にはまだ問題があった。天文学上の周期と氷期についての全体的な考えはまだ確証のない推論にすぎなかった。

陸上の記録の大部分は侵食されてしまいやすいので、この推論は陸上の氷河の記録だけでは決して解決できなかった。陸上の記録には、それを不完全なものにしてしまう多くの欠損があるからだ。一九七〇年代初頭、深海堆積物の長い掘削コア試料が解析されたときに初めてそれが解決された。陸上の堆積物の不完全な記録とは違って、深海底は、海表面から沈積する細かな泥とプランクトンの殻でできた、ほぼ安定して中断がない「雨」で一面におおわれている。直近の二〇〇万〜三〇〇万年間の気候について、ほぼ連続し、欠損がない記録を含む良好なコア試料が世界各地の海洋で見つかれば、クロール－ミランコビッチの仮説を検証する十分な情報になることだろう。

この問題についての研究をリードしたのは、全米科学財団のCLIMAP《クライマップ》計画（Climate：気候、Long-range Investigation：長期間調査、Mapping：地図作成、Prediction：予測の頭文字）の資金援助を受けた科学者グループだった。主な研究者は、ラモント・ドハティ地球観測所の微古生物学者、ジェームズ・ヘイズ（私の学位論文の調査委員で、私の初期の微古生物学の研究論文の共著者でもあった）、ブラウン大学の微古生物学者、ジョン・インブリー、ケンブリッジ大学の同位体地球化学者、ニコラス・シャクルトンだ。

この三人は、氷期にあたる最新の二〇〇万～三〇〇万年全体にわたる、長い連続記録を含んだ多くのさまざまな深海掘削コア試料を解析した。コア試料はすべて、堆積物に記録されている微化石の生層序《せいそうじょ》、火山灰、そして磁場の逆転史からも年代が精密に測定された。科学者たちは水温変化に敏感なある種のプランクトンを利用して、どのコア試料でも海洋の水温変化を検出できることに気づいた。加えて、プランクトンの殻をつくる鉱物の化学的性質も海水温変化を示す代替指標として利用できる。要するに、これらの掘削コア試料にはいくつかの気候指標物が含まれていたのだ。

十分な数のコア試料が解析され、世界中のすべての海洋のデータが比較されると、CLIMAP計画の科学者たちは氷期－間氷期の変動がたった四回か五回ではなく、過去二〇〇万年間に二〇回以上あったことを発見した！　どうやら陸上には氷河の最大の前進をもたらした最大の変動だけが記録されていて、短い周期の痕跡はその後のより大きな氷河の前進によってかき消されてしまっていたのだ。しかし深海堆積物の記録にはすべての周期が保存されており、海水温変化の正確な時期と変化幅を精密な海水温変化曲線として表示することができた。

CLIMAP計画の科学者たちが海水温変化曲線を手にしたとき、彼らは何が温暖化と寒冷化の複雑なノコギリ型の変化パターンの原因になっているのかを抽出しようと試みた。スペクトル解析という手法〔訳註：時系列データの値、周期、振幅の間にある周期性を求める解析方法〕を使って複雑な曲線が解析されて、その構成要素に分解された。海水温変化曲線は、実際のデータの複雑な干渉パターンからできた三つの異なる正弦波が合成されたものであることが明らかになった（図25・6B）。案の定、実際のデータに隠された三種類の正弦波の周期とは、一一万年周期の離心率の変化、四万一〇〇〇年年周期の自転軸傾斜角の変化、二万一〇〇〇〜二万三〇〇〇年周期の歳差運動の変化であり、三〇年以上も昔にミランコビッチが予測したとおりだった。

そして一九七五年、クロールがこのテーマに関する最初の本を出版してからちょうど一〇〇年後、問題は解決したのだ。一九七六年、ヘイズ、インブリー、シャクルトンは、地球の公転運動の天文学上の周期が地球の受け取る太陽放射の量に影響していること、そしてそれらの周期が氷期の主要な制御要素または「先導役」であることのすべての事実を明確に説明した「先導役」となる名高い論文を出版した。それ以降、クロール－ミランコビッチ周期は、石炭紀の石炭鉱床、白亜紀のチョークの海などあらゆる地質学的な記録の中で確認されている。クロール－ミランコビッチ周期の立証は地球科学での画期的な発見のひとつと考えられ、一九七六年のヘイズ、インブリー、シャクルトンの「先導役」的論文は二〇世紀の最も重要な科学的大発見のひとつに数えられている。

謎はいくつかの巨礫と引っかき傷がついた基盤岩から始まったが、最終的には深海底のプランクトンの微小な殻によって解決されたのだ。

謝辞

協力的な編集者、パトリック・フィッツジェラルドによるアイデアの提言と多くの重要な貢献に感謝する。本書の制作を管理してくれたコロンビア大学出版会のキャスリン・ジョルジュとセンビオ社のベン・コルスタッドに感謝する。グレッグ・リタラックとニック・フレイザーの全体にわたるコメントとアドバイス、ポール・ホフマンの上巻第16章へのコメントに感謝する。

イラストレーターとフォトショップで多くの図を編集・再描画してくれた私の息子エリック・プロセロに感謝する。巻末の図版クレジットに明記したように、画像の掲載を許可してくれた多くの人びとに感謝する。

最後に、私の愛する、そして協力的な家族、息子のエリック、ザッカリー、セオドア、そして素晴らしい妻、テレサ・レヴェールの支援に感謝する。

訳者あとがき

本書『岩石と文明』は、ドナルド・R・プロセロ著"*The Story of the Earth in 25 rocks*"を上・下巻に分冊したものである（上巻：第1〜16章、下巻：第17〜25章）。地球生命の進化や多様性を記録する二五種類の化石を題材にした"*The Story of Life in 25 Fossils*"（「化石が語る生命の歴史」シリーズ全三巻、築地書館）の姉妹書といえる。

著者のプロセロ博士は地質学と古生物学の研究と教育に長い経験をもち、専門分野で多数の論文を公表している。またこれらの分野に関する多くの教科書、普及書を出版している。例えば、地質学分野ではフレッド・シュワブ博士との共著による"*Sedimentary Geology*"（1996, W.H.Freeman and Company）、"*California's Amazing Geology*"（2016, CRC Press）など、また古生物学分野では、"*Evolution*"（2007, Columbia University Press）、"*Bringing Fossils to Life*"（1997, McGraw-Hill Science）などがある。

本書は、地球科学の一分野としての地質学の歴史を記述した一冊である。しかし、類書によく見られるような、通史的に地質学研究の発展を綴っていくという構成ではない。本書では個別の岩石、地層、露頭、自然災害、地下資源などの具体的なことがらを題材として幅広く取り上げ、その題材をめぐって、研究者がどのようにして真実に迫り、結論を得たのか、研究の発端から、進展そして結果に到達するまでの道のりが述べられている。また隕石や月の石についてのトピックスを紹介して月や太陽系の起源にも言及しており、地質学のみならず、広く地球科学研究の歴史にも踏みこんでいる。

著者は研究過程を、ジグソーパズルのピースを発見してひとつずつはめていく作業にたとえている。質のよいデータを集め、合理的な解釈を行って、地球の営みについての真理を追究するというごくオーソドックスな研究過程の結果、多数の新しい発見がもたらされてきたことは事実である。そのような地道な研究の一方で、研究者の柔軟な頭脳が発想の転換を生んで、予想もしなかった結論が劇的に訪れることもあったようだ。柔軟な発想の転換には研究者自身の資質に加えて、自由な研究環境や人的交流も大切だったに違いない。ともかく、それぞれの研究者がどのような過程を経て、大きな発見や輝かしい成果に到達したのか、読者にはこの点にも興味をもって読み進めてほしいと思う。

地質学に限らず、研究とは人間が行う行為であることは言うまでもない。したがって、研究者がおかれていた社会を抜きにして研究の歴史を語ることはできない。本書では、証拠となる事実を発見し、研究を進めた主人公としての研究者の思想や生きざま、研究成果の意義と同時に、その当時の社会や文化についても述べられている。地球科学の研究にその当時の社会のあり方や文化の潮流が影響を及ぼしていたことがわかる。地球科学の研究を切り離して考えるのではなく、社会や文化、歴史との関係を重要な要素、背景とみなしている点は、本書のたいへんユニークな視点ではないだろうか。物理学や化学などと同じく、地球科学の研究も歴史、社会、文化と無縁ではありえなかったのだ。

多くの場合、研究の道のりは決して平坦なものではなく、挫折、貧困、軍隊への召集などによる研究の中断、研究者仲間からの疎外や中傷、妨害などに加えて、政治からの弾圧や圧迫すらあった。しかし研究者たちはそれらを乗り越えて、苦労を重ねた結果、誰も想像すらしなかった輝かしい成果、すなわち地球にかかわる真理を導き出して、科学史に名を残したことが各章の記述からわかる。あとから思えばほんの些細な発見、あるいは思いもしなかった偶然の発見であっても、それを記憶の底に葬り去ることなく、すくい上げて研究し、科学史に残るような大きな業績へと発展させた事例も紹介されている。もっとも、「観察の領域では、チャンスは準備万端の心のみを好む」という細菌学の大家ルイ・パスツールの言葉（第20章）通り、研究者は「予期せぬ偶然（セレンディピティ）」を待っていただけではないことは言うまでもない。

本書が取り上げている題材は、紀元七九年のベスビオス火山の大噴火で起きた古代都市ポンペイの大惨事（第1章）に始まって、氷河期の原因や到来の周期を計算したジェームズ・クロールとミルティン・ミランコビッチ（第25章）まで、きわめて多岐に及んでいる。各章の書き出しは、トピックスに関連する岩石や重要な露頭などの紹介から始まる。最終章で解説されている有名なミランコビッチ・サイクルの場合でも、北半球各地に点在する「迷子石」――氷河が運搬してきた巨礫をまず紹介するという具合である。

本書に取り上げられている二五のトピックスは幅広く、たいへん多彩である。本書を読んでとくに印象に残ったトピックスをいくつか紹介しよう。

第1章の古代ローマ帝国の都市、ポンペイを襲ったベスビオス火山のプリニー式噴火による噴煙柱の形状とその変化、ポンペイ市内に侵入した火砕流の状況、噴火中に起きた海水面の上昇、噴煙と有毒ガスに襲われ、命を落としたポンペイ市民の悲惨な最期などを、命を賭けて冷徹な目で観察し、その結果を正確な記録として残した大プリニウスとその甥、小プリニウスの行動をそれ以後の自然科学研究につながる姿勢として著者は高く評価している。

第6章で取り上げられている石炭は、一八世紀半ばに始まった産業革命を推進する原動力になったエネルギー源を提供した化石燃料だ。折しも世界に先駆けて産業革命が始まった当時のイギリスには、伝統的な地質学の手法を確立したウィリアム・スミスが登場した（第7章）。スミスによる地質図と地質断面図の作成は、現在の地質学でも基本的とされる重要な研究手法である。その手法を確立するにあたっては、産業革命の進展を背景に当時のイギリスで高まった石炭の需要が、少なからず彼の研究を後押ししたことだろう。負債を抱えて収監されるという辛酸をなめながらも、野外調査を続けたスミスが「世界を変えた地質図」を完成させると同時に名誉を回復し、化石層序学の基礎を確立したのだった。

第8章では、放射性同位体による年代測定の基礎を確立したアーサー・ホームズについて述べられている。放射性同位体法を用いて岩石の数値年代測定が始まった初期に、決して恵まれていたとは言えない研究環境の中で気が遠くなるほど厳密な実験手順を繰り返して鉛同位体比の定量分析を行って、岩石の数値年代を測るという壮大なテーマに挑み、ホームズは輝かしい結果を得た。同時に彼は、地球内部には熱源となる放射性同位体が存在すると主張している。ホームズのこの考えによって、斉一説を提唱し、近代地質学の父と言われた一八世紀の思弁的科学者ジェームズ・ハットン（第4、5章）が唱えた「地球は巨大な熱機関だ」という卓見が百数十年の時間を経て、ようやく実を結んだのである。存外知られていないが、アーサー・ホームズは、アルフレッド・ウェゲナーの大陸移動説（第18章）からハリー・ヘスらが提唱した海洋底拡大説（第21、22章）、そしてプレートテクトニクス（第22、23章）へと進展する地球観の大変革に大きな役割を果たしていたのだ。ウェゲナーの大陸移動説が学界からほとんど葬り去られていた二〇世紀前半、ウェゲナーが説明に窮した大陸移動の原動力をホームズはマントル対流に求め、海洋底拡大説登場のきっかけをつくったことを本書から読み取ることができる。

また優れた研究には、その基礎になる多数の先行研究や同時代の共同研究が大きな助けになる場合があることも述べられている。ジョー・カーシュビンクが提唱したスノーボール・アース仮説（第16章）は、にわかには信じられないほどセンセーショナルで、たいへん魅惑的な優れた研究のひとつである。スノーボール・アース仮説としてまとめたカーシュビンクの素晴らしい才能は、本書に述べられているとおり、万人が認めるところであろう。しかしその着想が現れる前には、ダグラス・モーソンによる決死の南極探検とオーストラリア南部での先カンブリア紀氷成堆積物の発見、W・ブライアン・ハーランドやポール・ホフマンらによる氷成堆積物を覆う石灰岩層の発見と古地磁気データなどの重要な地質学的発見があった。さらにミハイル・ブディコのアルベド・フィードバックシステムにもとづく全球気候モデリングなど地球物理学からの重要な貢献もあった。そしてカーシュビンク自身が火山活動による全球凍結状態からの脱出を提案して、画期的なスノーボール・アース仮説として実を結んだ一連の過程が本書を読むとよくわかる。研究とは決して一人の力で成し遂げられるものではないことがこの事例からも見てとれるのではないだろうか。

さて本書、とくに前半を読むと、物理学や天文学などと同様、地球科学の萌芽期でも、キリスト教会からの圧力、聖書の教義が人びとの自由な発想に対する大きな制約になっていたことがよくわかる。例えば地球の年齢についての「ノアの大洪水」説による強力な制約もその一例であろう（第4、5章）。

この説にもとづいて、地球の年齢や生命の進化などについて諸説が提案され、広い賛同を得たものもあった。これも自然科学萌芽期の一頁であった。しかし多くの研究者は宗教的な制約、呪縛から自らを解き放ち、合理性を欠いた学説に敢然と立ち向かい、自由で伸びやかな発想に立って地質学、広くは自然科学の発展に大きく寄与してきたのだ。宗教と自然科学の関係性についてあらためて考える機会を本書は提供している。現代風に言えば、「宗教」の二文字を「既存の学説、定説」に置き換えることができるだろう。

本書を読むと、社会情勢の重要な一局面である戦争と地球科学には深いかかわりがあることもわかる。銅鉱石をめぐる古代キプロス島の争奪戦（第2章）、錫箔《すずはく》で内張りされた缶の発明が軍隊の大規模な動員作戦を可能にしたこと（第3章）、第一次世界大戦中に測候所での観測要員に転属させられたアルフレッド・ウェゲナー（第18章）、またオーストリア＝ハンガリー帝国によって捕らえられたミルティン・ミランコビッチ（第25章）などがその例としてあげられよう。研究者といえども戦争という大きな波に翻弄されていたことを本書から読みとることができる。

その一方で、地球科学研究者の軍事協力が実在していたこともわかる。例えば、さまざまな政治的圧力に屈せず、鉛の健康被害に警鐘を鳴らし、環境保護に全力をつくした鉛同位体比測定の大家、クレア・パターソン（第10章）が、原爆を開発したマンハッタン計画に参画していたことは驚きであった。本書を読んで、二〇世紀のアメリカの地球科学研究が軍事研究と無縁ではなかったことを実感する読者もいることだろう。ただし、本書で紹介されている地球科学研究者の軍事協力がその業績、地球科学への貢献、名誉をいささかなりとも損なうものではないことを強調しておきたい。

本書は各章が独立しており、どの章からでも読み進めることができると思う。しかし、いくつかの章を読むうちに、章どうしに深いつながりがあることに読者は気づくのではないだろうか。つながりとは、地球の真理をひたすらに追究する地球科学者の情熱、飽くなき探究心だ。はるかな過去から続くわれらが地球の営みに思いをめぐらせながら、本書を楽しんでほしい。

佐野弘好

二〇二一年二月二四日

図 23.1　A・B・C・D：Courtesy of U.S. Geological Survey
図 23.2　A・B：Courtesy of U.S. Geological Survey
図 23.3　A：Redrawn from several sources、B：Courtesy of Wikimedia Commons
図 23.4　Courtesy of the California Division of Mines, *Geology of Southern California*, Bulletin 170（1954）
図 23.5　Courtesy of U.S. Geological Survey
図 24.1　Courtesy of Wikimedia Commons
図 24.2　Courtesy of Wikimedia Commons
図 24.3　Courtesy of Wikimedia Commons
図 24.4　Courtesy of Wikimedia Commons
図 24.5　Courtesy of Wikimedia Commons
図 24.6　A・B・C：Courtesy of Wikimedia Commons
図 24.7　Courtesy of the Deep Sea Drilling Project
図 24.8　Courtesy of Wikimedia Commons
図 25.1　A・B・C：Courtesy of Wikimedia Commons
図 25.2　Courtesy of Wikimedia Commons
図 25.3　Courtesy of Wikimedia Commons
図 25.4　Courtesy of Wikimedia Commons
図 25.5　Courtesy of Wikimedia Commons
図 25.6　A・B：Courtesy of Wikimedia Commons
図 25.7　Courtesy of Wikimedia Commons

図版クレジット

図 17.1　A：Courtesy of Wikimedia Commons、B：Photo by the author
図 17.2　Redrawn from several sources
図 17.3　Courtesy of Wikimedia Commons
図 17.4　Modified from Donald R. Prothero and Robert H. Dott Jr., *Evolution of the Earth.*, 8th ed.（New York: McGraw-Hill, 2010）
図 17.5　Redrawn from several sources
図 17.6　Redrawn from several sources
図 17.7　Modified from Donald R. Prothero and Robert H. Dott Jr., *Evolution of the Earth.*, 8th ed.（New York: McGraw-Hill, 2010）
図 18.1　Courtesy of Wikimedia Commons
図 18.2　From Wegener 1915
図 18.3　Redrawn from several sources
図 18.4　Redrawn from several sources
図 18.5　Courtesy of Wikimedia Commons
図 18.6　Redrawn from several sources
図 18.7　Redrawn from several sources
図 19.1　A・B：Courtesy of Wikimedia Commons
図 19.2　Courtesy of Wikimedia Commons
図 19.3　Photo by the author
図 19.4　Redrawn from several sources
図 19.5　Courtesy of Wikimedia Commons
図 20.1　Courtesy of Wikimedia Commons
図 20.2　Original drawing by the author
図 21.1　Courtesy of Wikimedia Commons
図 21.2　Redrawn from several sources
図 21.3　Courtesy of U.S. Geological Survey
図 21.4　A・B：Modified from several sources
図 21.5　Redrawn from several sources
図 21.6　A・B：Courtesy of Wikimedia Commons
図 21.7　Courtesy of Wikimedia Commons
図 21.8　Redrawn from several sources
図 22.1　Courtesy of Wikimedia Commons
図 22.2　Courtesy of the U.S. National Oceanic and Atmospheric Administration
図 22.3　Courtesy of Wikimedia Commons
図 22.4　Redrawn from several sources
図 22.5　Modified from H. H. Hess, "Gravity Anomalies and Island Arc Structure with Particular Reference to the West Indies," *Proceedings of the American Philosophical Society*, 79（1938）: 71–96.
図 22.6　Courtesy of C.-T. Lee
図 22.7　Photo by the author
図 22.8　A・B・C：Courtesy of U.S. Geological Survey
図 22.9　A：Modified from Donald R. Prothero and Robert H. Dott Jr., *Evolution of the Earth.*, 8th ed.（New York: McGraw-Hill, 2010）、B：Courtesy of Wikimedia Commons

Fault. New York: Pegasus, 2014.
Hough, Susan E. *Finding Fault in California: An Earthquake Tourist's Guide*. Missoula, MT: Mountain Press, 2004.
Molnar, Peter. *Plate Tectonics: A Very Short Introduction*. New York: Oxford University Press, 2015.
Oreskes, Naomi. *Plate Tectonics: An Insider's History of the Modern Theory of the Earth*. New York: Westview, 2003.
Winchester, Simon. *A Crack in the Edge of the World: America and the Great California Earthquake of 1906*. New York: Harper Perennial, 2006.
Yeats, Robert S., Kerry E. Sieh, and Clarence R. Allen. *Geology of Earthquakes*. Oxford: Oxford University Press, 1997.

●第24章

Bascom, Willard. *A Hole in the Bottom of the Sea: The Story of the Mohole Project*. New York: Doubleday, 1961.
Briggs, Peter. *200,000,000 Years Beneath the Sea: The Story of the* Glomar Challenger—*The Ship that Unlocked the Secrets of the Oceans and Their Continents*. New York: Holt, 1971.
Hsü, Kenneth J. Challenger *at Sea: A Ship That Revolutionized Earth Science.* Princeton, N.J.: Princeton University Press, 1992.
——. *The Mediterranean Was a Desert: A Voyage of the* Glomar Challenger. Princeton, N.J.: Princeton University Press, 1983.

●第25章

Gribbin, John, and Mary Gribbin. *Ice Age: The Theory That Came in from the Cold!* New York: Barnes and Noble, 2002.
Imbrie, John, and Katherine Palmer Imbrie. *Ice Ages: Solving the Mystery*. Cambridge: Harvard University Press, 1979.
Macdougall, Doug. *Frozen Earth: The Once and Future Story of the Ice Ages*. Berkeley: University of California Press, 2013.
Ruddiman, William F. *Earth's Climate: Past and Future*. 3rd ed. New York: Freeman, 2013.
Woodward, Jamie. *The Ice Age: A Very Short Introduction*. Oxford: Oxford University Press, 2014.

Dingus, Lowell, and Timothy Rowe. *The Mistaken Extinction: Dinosaur Evolution and the Origin of Birds*. New York: Freeman, 1997.

Keller, Gerta, and Andrew Kerr, eds. *Volcanism, Impacts, and Mass Extinctions: Causes and Effects*. Geological Society of America Special Paper 505. Boulder, CO: GSA, 2014.

Keller, Gerta, and Norman McLeod. *Cretaceous-Tertiary Mass Extinctions: Biotic and Environmental Change*. New York: Norton, 1996.

Officer, Charles, and Jake Page. *The Great Dinosaur Extinction Controversy*. New York: Helix, 1996.

Powell, James Lawrence. *Night Comes to the Cretaceous: Dinosaur Extinction and the Transformation of Modern Geology*. New York: St. Martin's, 1998.

●第 21 章

Butler, Robert F. *Paleomagnetism: Magnetic Domains to Geologic Terranes*. London: Blackwell, 1991.

Cox, Allan, ed. *Plate Tectonics and Geomagnetic Reversals*. San Francisco: Freeman, 1973.

Cox, Allan, and R. B. Hart. *Plate Tectonics: How It Works*. New York: Wiley-Blackwell, 1986.

McElhinny, Michael W., and Phillip L. McFadden. *Paleomagnetism: Continents and Oceans*. New York: Academic, 2000.

Molnar, Peter. *Plate Tectonics: A Very Short Introduction*. New York: Oxford University Press, 2015.

Oreskes, Naomi. *Plate Tectonics: An Insider's History of the Modern Theory of the Earth*. New York: Westview, 2003.

Tauxe, Lisa. *Essentials of Paleomagnetism*. Berkeley: University of California Press, 2010.

●第 22 章

Cox, Allan, ed. *Plate Tectonics and Geomagnetic Reversals*. San Francisco: Freeman, 1973.

Cox, Allan, and R. B. Hart. *Plate Tectonics: How It Works*. New York: Wiley-Blackwell, 1986.

Felt, Hali. *Soundings: The Story of the Remarkable Woman Who Mapped the Ocean Floor*. New York: Holt, 2013.

Molnar, Peter. *Plate Tectonics: A Very Short Introduction*. New York: Oxford University Press, 2015.

Oreskes, Naomi. *Plate Tectonics: An Insider's History of the Modern Theory of the Earth*. New York: Westview, 2003.

●第 23 章

Collier, Michael. *A Land in Motion: California's San Andreas Fault*. Berkeley: University of California Press, 1999.

Cox, Allan, ed. *Plate Tectonics and Geomagnetic Reversals*. San Francisco: Freeman, 1973.

Cox, Allan, and R. B. Hart. *Plate Tectonics: How It Works*. New York: Wiley-Blackwell, 1986.

Dvorak, John. *Earthquake Storms: The Fascinating History and Volatile Future of the San Andreas*

もっと詳しく知るための文献ガイド

●第 17 章

Fortey, Richard. *Trilobites: Eyewitness to Evolution*. New York: Vintage, 2001.
Levi-Setti, Riccardo. *Trilobites: A Visual Journey*. Chicago: University of Chicago Press, 2014.
Prothero, Donald R. *Bringing Fossils to Life: An Introduction to Paleobiology*. 3rd ed. New York: Columbia University Press, 2013.
Prothero, Donald R., and Robert H. Dott Jr. *Evolution of the Earth*. 8th ed. New York: McGraw-Hill, 2010.

●第 18 章

Greene, Mott T. *Alfred Wegener: Science, Exploration, and the Theory of Continental Drift*. Baltimore: Johns Hopkins University Press, 2015.
McCoy, Roger M. *Ending in Ice: The Revolutionary Ideas and Tragic Expedition of Alfred Wegener*. Chicago: University of Chicago Press, 2006.
Oreskes, Naomi. *Plate Tectonics: An Insider's History of the Modern Theory of the Earth*. New York: Westbury, 2003.
——. *The Rejection of Continental Drift: Theory and Method in American Science*. New York: Oxford University Press, 1999.
Wegener, Alfred. *The Origin of Continents and Oceans*. New York: Dover, 2011.

●第 19 章

Everhart, Michael J. *Oceans of Kansas: A Natural History of the Western Interior Sea*. Bloomington: Indiana University Press, 2005.
Huxley, Thomas Henry. *On a Piece of Chalk*. New York: Scribner's, 1967.
Skelton, Peter W., Robert A. Spicer, Simon P. Kelley, and Iain Gilmour. *The Cretaceous World*. Edited by Peter W. Skelton. Cambridge: Cambridge University Press, 2003.
Smith, Andrew B., and David J. Batten, eds. *The Palaeontological Association Field Guide to Fossils, Fossils of the Chalk*. 2nd ed. London: Wiley-Blackwell, 2002.

●第 20 章

Alvarez, Walter. *T. Rex and the Crater of Doom*. Princeton, N.J.: Princeton University Press, 1997.
Archibald, J. David. *Dinosaur Extinction and the End of an Era: What the Fossils Say*. New York: Columbia University Press, 1996.
——. *Extinction and Radiation: How the Fall of the Dinosaurs Led to the Rise of the Mammals*. Baltimore: Johns Hopkins University Press, 2011.

ローマ帝国　23, 35
ローラシア大陸　**25**
ローレンシア　**15, 16**
ロゼッタストーン　**91**
露天掘り式採掘　91
ロマ・プリータ地震　**136, 141**

【ワ行】

和達清夫　**103**
和達－ベニオフ帯　**103, 105, 115, 122**
ワラウーナ層群　197

マグネシウム26　132, 150
マグマ　69
マグマ・オーシャン　165
マグマだまり　25
枕状溶岩　25, 26
マシューズ，ドラモンド　**88, 89, 93, 98, 115**
マッケンジー，ダン　**115**
松山基範　**80**
マリアナ海溝　**99**
マントル　150, 164, 165
マントル対流　122 / **90, 112, 114**
見かけの極移動曲線　**78, 79**
ミラーとユーレイの実験　135
ミランコビッチ，ミルティン　**214, 215, 217**
無酸素　208
無酸素状態　207, 211, 244
娘原子　115
「娘」説　162
ムンク，ウォルター　**163, 164**
メソサウルス　**36, 37**
メタンハイドレート　244, 245
メッシーナ海峡　**171, 174, 186**
メッシニアン期　**175, 189**
メッシニアン期の塩分危機　**182**
メテオ・クレーター　137, 138, 142, 143, 151
メランジュ　**110〜112, 122**
モーガン，W・ジェイソン　**115**
モーソン，ダグラス　230, 232
モーリー，ローレンス　**95**
モホール計画　**165**
モホ面　**162**
モホロビチッチ，アンドリア　**162**
モホロビチッチ不連続面　**162**

【ヤ行】

ユカタン半島　**61, 66**
「ゆらぎ」の周期　**212**
溶岩　25
溶存酸素　206
溶存鉄　209, 244
横ずれ断層　**153, 159**

【ラ行】

ライアン，ウィリアム・B・F　**182**
ライエル，チャールズ　76, 77, 110 / **69, 204**
ラザフォード，アーネスト　113 / **77**
ラモント・ドハティ地球観測所（旧ラモント・ドハティ地質研究所）　226 / **39, 97, 157, 161**
ランコーン，キース　**77**
藍晶石　**107**
藍閃石　**107**
ランズ・エンド　42, 43
藍藻類　211 / **184**
乱流　225
リード，ハリー・フィールディング　**138**
陸上植物　89
離心率　**212, 217, 221**
リストロサウルス　**36, 37**
リフトゾーン　**39**
リフトバレー　**95, 98**
硫化鉱物　30
隆起　**116**
緑色片岩　**108**
ルージェリ，ジョルジョ　**182**
ルビジウム－ストロンチウム年代測定法　151, 179
ル・ピション，ザビエル　**115**
ローソン，アンドリュー　**107, 138, 145**
ローソン石　**107**

フィグ・ツリー層群　197
フィッション・トラック法　178
フーテ，アルバート・E　140
フーバーダム　222
プエブリート・デ・アエンデ　124, 128
フォート・テホン地震　**146, 149**
付加コンプレックス　**125**
付加体　29
腹足動物　196, 198
富酸素状態　211
フズリナ類有孔虫　**19**
不整合　110
フッ化水素　178
ブディコ，ミハイル　237, 238
負の磁気異常　**87**
浮遊選鉱装置　46
ブラケット，パトリック　**76**
ブラックスモーカー　30, 31
ブラナー，ジョン　**136**
プラフカー，ジョージ　**116**
フランシスカン層　**110**
ブリタニア　36, 37
プリニー式噴火　6
ブリュンヌ，ベナール　**80**
プリンストン大学　**157**
フリンダース山地　230, 233, 247
フリント　19 / **44, 45**
プルトニスト（火成論者）　68
プレイフェア，ジョン　59, 64, 75
プレート　28 / **113**
プレート拡大境界　29
プレート境界　**158**
プレートテクトニクス　27, 123, 244 / **8, 13, 40, 113, 115, 120, 157**
プレートテクトニクス革命　**95**
プロトン磁力計　**39, 76, 86**
フロンガス　154
ブロンニャール，アレクサンドル　24, 102 / **7**
噴煙柱　6
ヘイズ，ジェームズ　**219**
ヘイズ，ポール　239
閉塞（海洋の）　**9**
ヘイワード断層　**140, 141**
ベクレル，アンリ　113
ヘス，ハリー・H　**88〜90, 98, 104, 114**
ベスビオス火山　2, 15
ペティジョン，フランシス・J　221
ベニオフ，ヒューゴ　**103**
ベニング・マイネス，フェリックス・アンドリエス　**101**
ヘルクラネウム　2, 14
片岩　70, 71
変成岩　**105**
変成作用　24
変動周期（歳差運動の）　**217**
片麻岩組織　**108**
片理　**105, 106**
ペンローズ会議　**119**
縫合帯　**9**
放射性アルミニウム26　132
放射性ウラン　109
放射能　113〜115
ホームズ，アーサー　114, 116, 117 / **8, 29, 37, 90, 113**
ホール，ジェームズ　64
「捕獲」説　161
ホットスポット　**8, 158**
ホバ隕石　144, 145
ホフマン，ポール　242
ボルトウッド，バートラム　114〜116
ポンペイ　2

【マ行】

マーチソン隕石　133〜135
迷子石　**194, 198**

ドロマイト　**184**

【ナ行】
ナーセル，ガマール・アブドゥル　**177**
ナイル川　**176**
ナイルデルタ　**179**
鉛－鉛年代測定法　166, 178
南極探検隊　231
軟泥　**47**
二酸化ジルコニウム　176
二酸化炭素　90
二酸化炭素濃度　89 / **47**
日射量　**210, 212, 216, 217**
ニューファンドランド島　213 / **2, 6**
「ネイチャー」誌　241 / **8**
熱雲　4
熱水鉱床　42
熱水噴出孔　32
熱変成　70, 75
ネプチュニズム（水成論）　68
粘土層　**57**
ノアの（大）洪水　51, 60, 62, 67, 105 / **194, 196, 199, 202**
ノジュール　191

【ハ行】
ハーランド，W・ブライアン　235
ハイランド地方　70, 71
白亜紀　**54**
白亜紀－古第三紀境界　**57**
白亜の崖　**41, 42, 44**
ハクスリー，トマス・ヘンリー　189 / **49**
爆発的噴火　6
「博物誌」（プリニウス著）　16
パターソン，クレア・“パット”　152
バックランド，ウィリアム　**195, 202, 203**
ハットン，ジェームズ　56, 57, 60, 64, 70, 75, 94, 110, 122
ハットンの断面　73, 74
ハドリアヌスの長城　60, 61
ハマスレー地域　205, 207, 209
ハメリン・プール　194
バリスカン造山運動　42
バリンジャー，ダニエル・M　141
バリンジャー・クレーター　142
バルティカ大陸　**17**
榛名デイサイト　**81, 83**
バレアレス海　**183, 185**
ハワイ諸島　**158**
パンゲア大陸　89 / **8, 17, 25, 28**
パンサラッサ海　**20**
氾濫原　**176**
ハンレイ岩　25
ヒーゼン，ブルース　**39, 97, 98**
ビザンツ帝国　23
ヒスイ輝石　**107**
ピストンコアラー　**39, 86, 162**
ヒューロニアン氷期　245
氷河　236 / **198, 201**
氷河期　38
氷河擦痕　**197**
氷河地質学　**199**
氷河の前進作用　19
氷河の迷子石　**195**
氷期　**201, 205, 210, 217**
氷室期　90
氷床　233 / **33, 205**
氷床の突然崩壊　238
氷成堆積物　233, 234, 236, 247 / **33, 35**
氷成堆積物・石灰岩互層　237, 241, 242
氷成礫岩　**32, 209**
ヒル，メイソン・L　**152**
ピルグリム，ルードヴィヒ　**217**
貧酸素状態　211

チータ，マリア・B　**182**
ちきゅう号　**170**
「地球詩のエッセー」（ハリー・ヘス著）　**91, 114**
地球磁場　**75, 95**
地球－月システム　163, 170, 172
『地球の日射量の原理と氷期問題への応用』（ミルティン・ミランコビッチ著）　**218**
『地球の年齢』（アーサー・ホームズ著）　120
『地球の理論』（ジェームズ・ハットン著）　60, 64, 75
“地球は巨大な熱機関だ”　75, 76, 122
地磁気極性年代スケール　**83**
地磁気縞模様　**95**
地質圧力計　**108**
地質温度計　**108**
『地質学原理』（チャールズ・ライエル著）　76, 110
『地質学的関係における気候と時間』（ジェームズ・クロール著）　**212**
地質図　97, 102, 104
地質断面図　88, 95, 97, 104
地質柱状図　105, 108
地質年代学　120
地質年代スケール　105
地層同定の原理　100〜102, 108
地層ユニット　97, 100
地中海　35 / **161**
地中海性気候　**188**
チムニー　30, 31
チャート　206 / **44, 110, 123**
中央海嶺　27〜29 / **39, 114**
チューブワーム　32
潮間帯堆積物　**185**
長石　218
潮汐波　217
潮汐力　170, 172, 218
超大陸ゴンドワナ　→　ゴンドワナ大陸
超大陸パンゲア　→　パンゲア大陸
チョーク　**44, 47, 62**
沈降　**116**
月の石　162, 164, 166, 185
月の裏側　170
津波　213
冷たい初期地球仮説　185
テイア　164, 165
ディキンソン，ビル　**119, 125**
ディブリー，トム　**150, 151**
デカン噴火　**61〜64, 67**
テクトジーン　**104, 105**
テクトニクス　**19**
テチス海　**19, 20, 181**
鉄隕石　143, 150
鉄鉱石　206
デボン地方　38, 39, 42, 48
デュ・トワ，アレクサンダー　**29, 37**
テレーン　**16**
天体衝突　164, 167, 169 / **67, 69**
天地創造　51, 75, 105 / **202**
天変地異説　60, 76
銅　19
ドウィカ氷成礫岩　**33, 35**
銅器時代　19
ドーバー海峡　**41**
ドービニー，アルシド　105
ドール，リチャード　**81**
トムソン，ウィリアム　111, 113, 120, 216
トランスフォーム境界　**159**
トランスフォーム断層　**8**
トリエステ号　**100**
ドレッジ　224
トレンチ調査　**148**
トロドス山地　24, 33

青銅器時代　19〜21, 36, 81
正の磁気異常　**87**
生物地理区　**2, 5, 13**
西部内陸海路　**47, 48, 62**
精密音響測深機　**97**
世界を変えた地質図　104, 108
石英　218
石質隕石　127, 150
赤色岩　**33**
石炭　80, 89, 90, 92, 95
石炭紀　87, 89
石墨　186
セグメント　**146, 148, 159**
石灰岩　90, 236 / **44**
石膏　210 / **174, 185**
『絶滅のクレーター——T・レックス最後の日』（ウォルター・アルバレス著）　**68**
絶滅パターン　**63, 65**
先カンブリア紀　230
全球凍結　244, 245
全球凍結事件（イベント）　209, 247
全球凍結状態　90
『1906年の大地震と大火』（フィリップ・フラドキン著）　**134**
潜熱　73
浅発地震　**103**
層序　25, 99
双晶　42, 43
創世記　62, 67, 70
藻類　195, 211
ソノマ造山運動　**19**

【タ行】
ダーウィン，チャールズ　112, 188
タービダイト　225
タービダイト性砂岩　**110, 123**
ダイアミクタイト　234
『大気の熱力学』（アルフレッド・ウェゲナー著）　**23**
太古代　208, 217
大酸化イベント　209, 211
帯磁強度　**86**
帯磁方向　**77, 80, 95**
大西洋　35
大西洋横断（電信）ケーブル　111, 216
大西洋型動物群　**2, 9**
大西洋中央海嶺　**90, 93**
堆積　75
堆積岩　65, 72, 218
堆積物の帯磁方向　**76**
大プリニウス（プリニウス・セクンドゥス）　5
太平洋型動物群　**2, 3, 9**
太平洋プレート　**142, 158**
大陸移動説　121 / **29**
大陸地殻　181, 217
『大陸と海洋の起源』（アルフレッド・ウェゲナー著）　**25**
対流　→　マントル対流
大量絶滅　198 / **62, 67, 69**
タキトゥス，コルネリウス　5
タコナイト　204
タコニック造山運動　**17**
多細胞生物　200, 212, 247
ダルリンプル，G・ブレント　**81**
炭鉱事故　86
炭鉱のカナリア　84
炭酸塩　243
弾性反発理論　**141**
断層　**142**
炭素質隕石　130
炭素質コンドライト　127, 129, 133, 185
炭素循環サイクル　90
炭素同位体比　210
炭素肺　84

ジブラルタル海峡　35 / **188**
磁北　**77, 78**
縞状鉄鉱層　206, 208, 217, 243
縞模様　**87**
シャーク湾　194〜196
シャクルトン，ニコラス　**220**
社交サロン　55
斜長岩　164, 165
ジャック・ヒルズ　183, 185, 186
蛇紋岩　25 / **112**
蛇紋石鉱物　**112**
シュー，ケン　**125, 182**
『州地震調査委員会報告書』（カリフォルニア州地震調査委員会＋ハリー・フィールディング・リード共同編集）　**138**
シューメーカー，ジーン　142
ジュラ紀　33, 97
ジョイデス・リゾリューション号　**169**
衝撃石英　**61**
衝上断層　**116**
蒸発岩　**175**
小プリニウス　4, 10
小惑星　150
小惑星の衝突，衝突イベント（K/Pg 境界の）　**59, 63, 64**
初期海洋　185, 186, 208
初期海洋地殻　180
初期生命　135
初期大気　184
初期太陽系　129, 130, 185
初期大陸　217
初期大陸地殻　180, 181
初期地球　164, 185
食物連鎖　32 / **56, 59**
初動発震機構解析　**117**
ジョリー，ジョン　111
シリカ　206
磁力計　**93**
磁力式選鉱機（装置）　46, 47
シル　72
ジルコニア　175
ジルコニウム　176
ジルコン　176, 178, 186
ジルコン粒子　183
深海掘削コア試料　**220**
深海堆積物　**40, 112**
真核藻類　212, 247
侵食　75
侵食作用　62
侵食面　62
新石器時代　19
深発地震　**114**
水成論　67, 68
水成論者　68
数値年代　115
スエズ運河　**177**
スクリプス海洋研究所　**39, 157, 161**
スコットランド　53, 56, 70 / **15**
錫　35, 36, 40
錫鉱石　38, 42, 46
スティショバイト　142
ストレイチー，ジョン　88, 95
ストロマトライト　191, 192, 194, 196 / **184**
スノーボール・アース仮説　241, 242, 244, 247
スペクトル解析　**220**
スミス，ウィリアム　89, 95, 96, 104
スラッシュボール仮説　246, 247
スラブ　**117**
斉一主義　60, 76
聖書　51
青色片岩　**105〜107, 109, 112, 122, 125**
正帯磁　**80, 83**
青銅　36

公転軌道　**212**
黄道の傾斜　**217**
鉱物劈開　218
コーサイト　142
コーンウォール地方　38～40, 42, 48
国際錫理事会　48
黒曜石　19
ココリス　**45**
古地磁気　236
古地磁気学　**76, 79**
古地磁気学的データ　**19**
古地理図　**25, 26**
コックス，アラン　**81**
コペルニクスの地動説　**73**
コマチアイト　180, 208, 217
混濁流　223, 225, 226
混濁流堆積物　225
コンドライト隕石　127, 130, 150
コンドリュール　130, 131
ゴンドワナ大陸　**15, 17, 25, 30, 35, 36**

【サ行】
サープ，マリー　**39, 97, 98**
「サイエンス」誌　241 / **59, 68**
歳差運動　**212, 217, 221**
砕屑粒子　218
砂岩　183, 218 / **32**
砂丘堆積物　**186**
削剝　218
サマリウム－ネオジム年代測定法　182
サンアンドレアス断層　**8, 140, 142, 145～149, 153, 154, 159**
酸化ウラン　210
産業革命　81, 86
酸性雨　87, 91, 154
酸素含有率　209, 210
酸素含有量　207
酸素欠乏状態　89
酸素による大量虐殺　200
酸素濃度　200
山地の上昇　75
山頂除去式露天掘り　91
サンフランシスコ市　**135, 141**
サンフランシスコ地震　**131, 138, 140, 145**
三葉虫　247 / **2, 5～7**
シアノバクテリア　195, 211
ジアモンド　175
シート状岩脈　25
ジェドバラ　62, 63 / **15**
死火山　2, 72
磁気　**73**
磁気異常　**87, 93**
磁気異常の縞模様　**94**
自己反転　**82**
磁石　**73**
『磁石論』（ウィリアム・ギルバート著）　**73**
地震　213 / **122, 134, 142**
地震学　**138**
地震多発帯　**114**
地震多発面　**104**
地震波　**162**
地震波反射断面　**123, 181**
シスタス　63, 64
沈み込み　**114, 117, 118, 122**
沈み込み帯　28 / **122**
自然銅　19, 24
シチリア島　**187**
シッカー・ポイント　63, 64 / **15**
湿地帯　89
質量分析装置　115
磁鉄鉱　**71**
自転軸　169
自転軸傾斜角　**221**
磁場ダイナモ　**75**

カルサイト　**44, 47**
カレドニア造山運動　**10, 15**
岩塩　**185**
貫入　72, 74, 75
間氷期　**210**
カンブリア紀　**2**
岩脈　42, 70
カンラン岩　27, 180
カンラン石　217
乾裂　**186**
ギーバー鉱山　43, 44
気候モデリング　237
疑似化石　190
汽水成堆積層　**175**
北アメリカプレート　**142**
キプロス島　21, 24
逆帯磁　**80, 83**
逆断層境界　**123**
キャシテライズ　36, 37, 42
キャシテライト　42, 43
キャッツキル層　**16**
キャップ・カーボネート　243, 245
キャニオン・ディアブロ隕石　151, 153
キュヴィエ，ジョルジュ　102, 105 / **7**
級化構造　219〜223
旧赤色砂岩　63, 64 / **15**
旧石器時代　19
キューネン，フィリップ　223
キュービック・ジルコニア　175
キュリー夫妻　113
凝灰岩　4
夾炭層　87, 95
恐竜　100 / **54, 56**
ギヨー　**90**
極移動曲線　**78, 79**
極氷　89
巨大火成岩岩石区　208, 209
ギリシャ神話　1, 22, 35
ギリシャ文明　22
ギルバート，ウィリアム　**73**
ギルバート，グローブ・カール　139
金石併用時代　19
グラニュライト　**108**
グランドバンクス　215, 226
グリーンストーン　221
グリーンストーン帯　180
グリーンランド　179, 186, 208 / **207**
グレイワッケ　219, 222
グローマー・チャレンジャー号　**167, 183**
クロール，ジェームズ　**210, 211**
クロール－ミランコビッチ周期　**221**
グロッソプテリス　**36**
ケイ酸塩鉱物　239
ケイ酸ジルコニウム　176
傾斜不整合　62 / **15**
啓蒙運動　52, 55, 56
啓蒙時代　52, 67
ケープ・ヨーク隕石　145, 147
頁岩　**110, 123**
ケッペン，ウラジミール　**24**
ケルビン卿　→　トムソン，ウィリアム
原核生物　195
嫌気性バクテリア　212
現在は過去への鍵である　60
懸濁状態　221
玄武岩　24, 73, 217 / **112**
玄武岩質溶岩　207
ケンブリッジ大学　**157**
高圧変成岩　**109**
広域変成作用　**108**
高塩分濃度環境　**184**
膠結作用　218, 219
光合成　32
洪水玄武岩　208
洪水堆積物　**195**

24, 30
ウェルナー，アブラハム・ゴットロープ
68, 94 / **205**
ウォーカー，ジェームズ　239
ウォルコット，チャールズ・ドゥーリトル
191, 193
宇宙塵　**58**
ウッズホール海洋研究所　30 / **39, 161**
ウラン－鉛システム　116
ウラン－鉛年代測定法　118〜120, 132, 152, 166, 178, 183
エオゾーン・カナデンゼ　190
エクロジャイト　**109**
エジンバラ　53, 54, 72, 73
エスコラ，ペンティ　**108**
エッツィのアイスマン　18〜20
エディアカラ生物群　233, 247
エルサッサー，ウォルター　**75**
円石藻　**44, 45, 47**
塩分濃度　196
塩類堆積物　111 / **174, 181, 182**
オイスター・クラブ　58
黄鉄鉱　30, 210
『オデュッセイア』（ホメロス著）　**172**
オフィオライト　24, 28 / **112, 123**
親原子　115
オルゲイユ隕石　129
オルドハミア　189
温室期　90
温室気候　**47**
温室効果ガス　92, 154, 239, 244

【カ行】

カーシュビンク，ジョー　240
海溝　**90, 99, 115**
海山　**90**
海水温変化曲線　**220**
海水準　89
海水面低下　**67**
海底地すべり　223, 224, 227
海底重力値　**102**
海底地形図　**39, 97**
壊変　114, 115
海綿骨針　**44**
海洋地殻　28, 181
海洋地質学　**123**
海洋底　27
海洋底拡大　122 / **90, 113, 158, 169**
海洋底拡大説　**95**
外来テレーン　**16〜18**
価格カルテル　48
化学合成生物群　32
核　150, 164
角閃石　**107**
角閃石相　**108**
拡大（海洋の）　**9**
核の冬　**59, 65**
カコウ岩　42, 70, 71
カコウ岩質マグマ　178
火砕サージ　13
火砕流　4
火山　1, 239, 245
火山泥流堆積物　13
火山灰　3, 9, 13
火山灰堆積物　13
火山噴火　**67**
カスティング，ジェームズ　239
火成岩　115
火成論　67, 69
火成論者　68
化石　100, 107
化石層序学　100
傾き（黄道の）　→　黄道の傾斜
カリウム－アルゴン年代測定法　151 / **81, 82**
軽石　3, 9

索　引

細字のページは上巻を、太字のページは下巻を表す

【A～Z】
CAI　130
CLIMAP（クライマップ）計画　**219**
DSDP（深海掘削計画）　**167**
K/Pg境界　**57, 60, 61, 68**
M反射面　**185**
ZTR指数　179, 218

【ア行】
アーサーの玉座　72
アーニギト隕石　146
アーンスト，W・ゲイリー　**109, 125**
アイアン・レンジ（鉄鉱山地帯）　201, 202, 209
アイスマン　18
アエンデ隕石　128, 129, 131, 132
アガシー，ルイ　**199, 200, 202**
アカスタ片麻岩　181
アカディア造山運動　**10, 16, 17**
アクリタークス　247
アスワン・ハイ・ダム　**177**
アッパー・ペニンシュラ地域　19, 201
アトラス山地　35 / **188**
亜熱帯高圧帯　**188**
アパラチア山地　89 / **17**
アバロニア　**13, 14, 16**
アバロン島　**11**
アバロン半島　**6**
アポロ11号計画　157
アミツォク片麻岩　180
アミノ酸　133, 135
アメリカ雑学協会　**165**
アラスカ地震　**115, 122**
アリューシャン海溝　**116, 118**
アルバレス，ウォルター　**56, 68**
アルバレス，ルイス　**58**
アルビン　30
アルベド　238
アルベド・フィードバックシステム　238, 239, 244 / **214**
アレイ観測　**117**
アレクサンダー大王　23
アントラー造山運動　**19**
イアペタス海　**9**
硫黄還元バクテリア　32
硫黄同位体比　210
イスア表成岩類　179, 180, 186, 208
『一般地質学』（アーサー・ホームズ著）　121, 122
「妹」説　163
イリジウム　**58**
イリジウム異常値　**69**
イリジウム濃集層　**63, 65**
イングランド　104
隕石　125, 127
インブリー，ジョン　**220**
ヴァイン，フレデリック　**88, 89, 93, 98, 115**
ヴァイン－マシューズ－モーリーの仮説　**95**
ウィラメット隕石　146, 148
ウィルソン，J・ツゾー　**8, 115, 157, 158**
ウィルソン・サイクル　**9**
ウェールズ　104
ウェゲナー，アルフレッド　121 / **22,**

著者紹介

ドナルド・R・プロセロ（Donald R. Prothero）

1954年、アメリカ、カリフォルニア州生まれ。

約40年にわたって、カリフォルニア工科大学、コロンビア大学、オクシデンタル大学、ヴァッサー大学、ノックス大学などで古生物学と地質学を教えてきた。

カリフォルニア州立工科大学ポモナ校地質学部非常勤教授、マウントサンアントニオカレッジ天文学・地球科学部非常勤教授、ロサンゼルス自然史博物館古脊椎動物学部門の研究員を務める。

『化石を生き返らせる——古生物学入門 *Bringing Fossils to Life: An Introduction to Paleontology*』や、ベストセラーとなった『進化——化石は何を語っているのか、なぜそれが重要なのか *Evolution: What the Fossils Say and Why It Matters*』、『化石が語る生命の歴史　古生代編・中生代編・新生代編』（築地書館）など、35冊以上の著書がある。

また、これまでに300を超える科学論文を発表してきた。

1991年、40歳以下の傑出した古生物学者に与えられるチャールズ・シュチャート賞を受賞。2013年には、地球科学に関する優れた著者や編集者に対して全米地球科学教師協会から与えられるジェームス・シー賞を受賞。

訳者紹介

佐野弘好（さの・ひろよし）

1952年、大阪府生まれ。

1971年4月、九州大学理学部地質学科入学。

1980年9月、九州大学大学院理学研究科修了。

1985年3月、理学博士。

九州大学理学部助手、同大学院理学研究院教授をへて、2018年3月、定年退職。九州大学名誉教授。専門は堆積岩石学。

フィールドワークにもとづいて、主として日本各地とカナダ西部のカシェクリーク帯の付加体に含まれる石炭系〜三畳系石灰岩と二畳系・三畳系境界の珪質岩類を研究した。

趣味はクラシック音楽鑑賞と街歩き。

岩石と文明（下）

25の岩石に秘められた地球の歴史

2021年5月31日　初版発行

著者　ドナルド・R・プロセロ
訳者　佐野弘好
発行者　土井二郎
発行所　築地書館株式会社
〒104-0045 東京都中央区築地7-4-4-201
TEL.03-3542-3731　FAX.03-3541-5799
http://www.tsukiji-shokan.co.jp/
振替 00110-5-19057
印刷・製本　中央精版印刷株式会社
装丁　吉野 愛

ISBN978-4-8067-1619-8